ISO 9001
アンリミテッド

事業成功へのホップ・ステップ・ジャンプ

丸山昇・金子雅明・飯塚悦功 著

経営に役立つ
ISO 9001の
3ステップ活用法

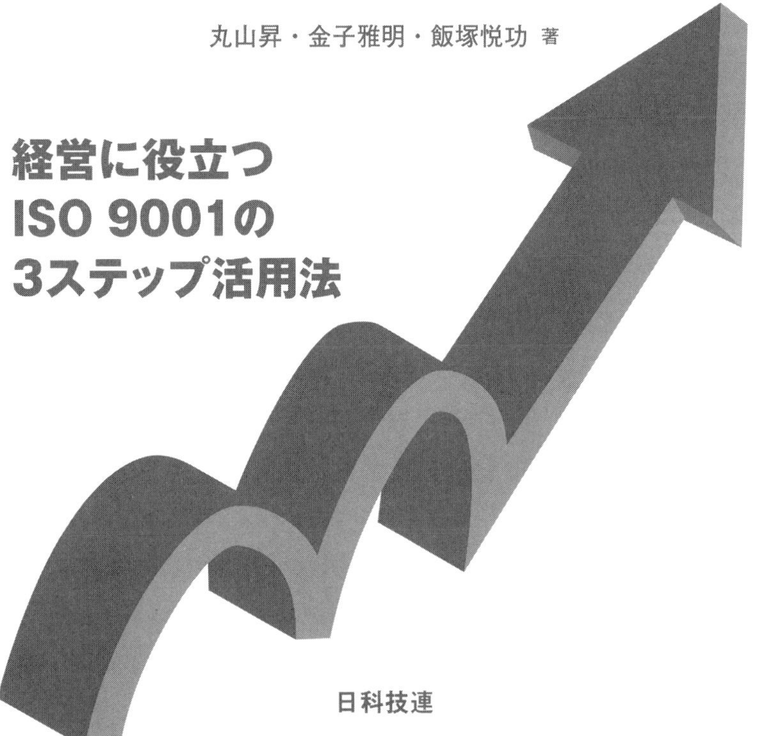

日科技連

■ISO の規格条文引用について

本書は，ISO 9001 などの表記で規格条文を掲載していますが，JIS Q 9001 から引用しました．必要に応じて JIS 規格票をご参照ください．

まえがき

本書は，国際的なQMS認証制度のシステム基準文書となっている国際規格ISO 9001を活用しつくして，組織のQMSを再構築していくステップを提案し，中小企業での実践例とともに紹介する書籍である．

ISO 9001は，1987年に初版が発行され，その後1994年の小改訂，2000年の大改訂，2008年の追補版を経て，2015年に現在有効な版であるISO 9001：2015が発行されている．初版の基本的性格は二者間契約における品質マネジメントシステム(QMS)要求事項，すなわち購買者組織が供給者組織のQMSに対する要求事項を規定した規格であった．ISO 9001はこれまで4回の改訂をしているが，大きなものは2000年版と2015年版である．

2000年版は，組織におけるQMSの構築・大改造のための指針・推奨の規格ISO 9004と対をなす，“最小限のQMS要求事項”と位置づけられる規格であった．このころには，ISO 9001という規格は，明確に認証目的に利用することを前提としていたこともあり，ここでの“要求”とは，「認証される組織はこのくらいのレベルであってほしい」という“社会の要求”ということになる．“最小限”とは言いながらも，QMS認証に関する国際的な社会ニーズに応えてマネジメントシステムとしてのレベルを上げていた．2015年版は，さらに少しレベルを上げ，それまでの規格適用における問題点に対処しようとするものである．

実は，ISO 9001は2008年版のときから，自組織を巡る経営環境を分析し，それにふさわしいQMSを構築し運用するように誘導していたが，現実には，そのような自律的・自立的・自治的な組織は多くはなかった．そこでISO 9001：2015は箇条4～6において，それ以前の版で推奨・示唆していたこと，すなわちISO 9001を，何があっても守らなければならないという意味での規範的・形式的に適用するのではなく，組織の業種，業態，特徴，経営環境に応じた，当該組織に“ふさわしい”，ISO 9001 要求事項の意図に適合するような QMS の設計・構築を進められるように，それなりに具体的な要求事項を規定していた．

ところが残念なことに ISO 9001 適用の関係者の反応は芳しくなかった．認証機関の一部は，自機関が認証した組織を失いたくないとの思いからなのか，「前と変わらない．そのままで OK」などと公言していた．認証されていた組織にしても，その多くは「まともに対応するのは大変だ．認証機関もよいと言っているのだから認証を維持するためだけの対応にしよう」と手を抜いて，それほど真摯に取り組むことをしなかった．

もちろん，この機会に ISO 9001 を活用してレベルアップしようと考える組織はあった．それ以外の組織にとっては，認証が取引上必要なら，最低限，必要悪として取り組む必要がある．しかし，その経済負担だけは回収したいと考えるのが自然である．このとき，実質的な効果を期待せず可能な限りサボるか，投資した分は回収するように賢い努力をするかのどちらかを選択しなければならない．

ISO 9001 というモデルは，最低限の QMS モデルとはいいながら，それなりによくできている．QMS のモデルとして，システムの全体構造，すなわち必要なシステム要素やそれら要素間の関係に加え，運用の方法もある程度は提示しているので，これを参考にして自らの組織の経営基盤の確立・整備・充実のために使うことができる．しかしながら一般に，そのとおりやればどんな組織でも成功できる，というような経営のモデルやツールはない．ISO 9001 にしても，本質を見極め，自らが自らの特徴や強み・弱みを理解し，自らの経営管理体制を強化するという気持ちで取り組まなければ，有用な経営ツールとはなり得ない．

著者らが所属する超 ISO 企業研究会(https://www.tqm9000.com/)は，ISO 9001 を超える品質企業の品質マネジメントのあり方やその QMS モデルの研究を続けており，書籍『進化する品質経営―事業の持続的成功を目指して』(飯塚悦功・金子雅明・住本守・山上裕司・丸山昇，日科技連出版社，2014)において一つの方法論を提案している．このような実践的取組みは多数あり，また多くのコンサルタントが ISO 9001 の有効活用を訴え，その方法を紹介・推奨している．ISO 9001 の有効活用の一般論は現にいくらでも存在し，入手可能なのである．

ところが，課題が2つある．第一は，提案する方法をうまく適用し，目標レベルに一気に到達することが容易ではない，ということである．例えば，無理なくステップアップしていくような方法が必要である．第二は，よい適用例が必要ということである．一般論はわかるが，具体的にどう適用すればよいのかわからないとき，適用例があるとわかりやすい．本を読むとき，理解を助け深めるためによい例がほしいと思うことが多いと思うが，まさにそれである．

そんな折に，本書の筆頭著者の丸山昇氏から相談があった．QMS や EMS 規格を中心に MS 認証関連の記事を掲載している月刊誌『アイソス』の編集責任者である中尾優作氏の依頼で原稿を書いたのだが見てほしい，というのである．レビューしてほしいという気持ちもあったようだが，それよりも許諾を得ておきたいということのようだった．

丸山氏自身のクライアントでの実践をもとに，相当に足の長い，意欲に満ちた賢い人々だけにしか登れそうにない階段ではなく，それなりの組織が3つのステップで自社の QMS を再構築する方法・手順が説明されていた．丸山氏が考えたその方法は，元はといえば超 ISO 企業研究会に参加して得られた知見が多いので，これを雑誌に掲載してよいかどうか判断してほしいという許諾の要請だったのである．

40 ページほどの大作だったのだが，ざっと読ませていただいた．3 社の事例が出てくるのだが，すべて自身で誠実にコンサルした経験に基づいている．クライアント企業の社長と長い時間を共有しての手法の開発，提案手法の実例適用，手法の問題発見，そして改善・レベルアップと，まさに弁証法的検討を進めてきて得られた実施可能な方法論だったのである．そこで「これでいける．思う存分説明してほしい」と思い，『アイソス』誌への掲載を快諾するとともに，さらに加筆して書籍化することをお勧めした．その勧めに応じて大幅に書き加えていただいたのが本書である．

本書は 6 つの章と付録から構成されている．第 1 章は，超 ISO 企業研究会の副会長の金子雅明氏が，ISO 9001 の適用に関わる様々な誤解を生む構造を，先に刊行した『ISO 運用の“大誤解”を斬る！―マネジメントシステムを最強ツールとするための考え方改革』(飯塚悦功・金子雅明・平林良人編著，日科技連出版社，2018) を紹介しつつ，明快な構造図を使って説明し，本書がそれらの誤解を克服するための処方箋の一つと位置づけられる論拠とその処方の概要を記している．

第 2 章以降は，丸山氏の著作である．第 2 章は，3 つのステップで持続的顧客価値提供経営へと進化していく方法の枠組みを記している．

第 3 章から第 5 章が，3 つのステップのそれぞれについて，手順を示し，適用例を用いて説明する章である．第 3 章(ステップ 1：QMS の目的づくり)では，ISO 9001 導入の目的を「事業の成功」とし，その目的達成に必要な取組みを，ISO 9001：2015 の 4.1 項，4.2 項，6.1 項の要求に応える形で明確にしている．

第 4 章(ステップ 2：QMS への実装)では，それらの取組みを「プロセスアプローチ」を活用して，QMS に実装する方法を説明している．

第 5 章(ステップ 3：持続的成功のための QMS)では，構築できた

QMSを，さらにチューンアップして事業プロセスと融合したQMSへと進化させる手順を示している．

第6章には，提案する方法の適用にあたっての工夫が記されている．そして付録では，各ステップでのチェック項目とまともなQMS構築への指針を「QMS再構築のためのチェックリスト」として示している．

先ごろ惜しまれて亡くなられた，選手としても監督・指導者としても超一流だった野村克也監督は，よく「固定観念は悪，先入観は罪」と発言し，また書いていた．固定観念，先入観ゆえにISO 9001を使いこなせないでいるマジメでオクテな方々や，何とかしようという気概はあるがなかなか明確な方向性を見出せないでいる経営者・管理者に，目からウロコの“視点”とそれを活かす方法を知ってほしいと思う．

その重要な視点の一つは，「QMSは手段である」ことの再認識である．QMS自体は目的ではなく，目的を見失わずに手段であるQMSを運用するという考え方が是非とも必要である．私たちが「システム」という用語を使うとき，それは検討・考察の対象にしている系が少なからぬ構成要素から成り立っていて，系全体として何らかの目的あるいは機能を考えることができるときである．そして構成要素を管理・制御してシステム全体の目的を達成できるように最適化を図りたいときである．

QMSについても同様である．ISO 9001はQMSのモデルを規定するものだが，ただやみくもに形式的に適合するように運用しなければならないということはない．要求事項の“意図”に適合することが肝要である．QMSはその目的を達成するために設計し構築されるべきであり，QMS要素を適切に運用することによってQMSの目的を達成すべきである．

QMSの目的を「事業の成功」とし，「事業構造」を理解したうえで，誰にどのような「価値」を提供すべきかを明らかにし，「能力」という概念を介して，QMS という手段がどのような「能力」を発揮できるようなものでなければならないかを考察するのが自然であり，また賢い選択でもある．

本書からこうした考え方を読み取っていいただき，経営管理者の方々が，ご自身の QMS の再構築に役立てていただければと願う．そうしていただければ，それは著者にとって望外の喜びというものである．

なお，『アイソス』誌編集長の中尾優作氏には，丸山氏の記事の書籍化を快諾していただいた．改めて御礼申し上げたい．また，本書の刊行までには，日科技連出版社の戸羽節文社長，担当の石田新係長にお世話になった．とくに，戸羽社長には，出版企画の段階からいろいろご相談にのっていただき，また一応の完成原稿を細かく見ていただき，多くのコメントをいただいた．厚く御礼申し上げたい．

2020 年 5 月末

著者を代表して　飯塚　悦功

目　次

第1章

ISO 9001を使いこなしていますか?

～ISO 9001をベースに品質経営を極める～

本章では，ISO 9001に対する典型的な誤解を取り上げつつ，ISO 9001：2015をアンリミテッドに活用するために理解すべきISO 9001の特徴や本質を解説する．そして，ISO 9001ベースのQMSを経営基盤とした品質経営や顧客価値経営を実現できることを示す．

1.1　ISO 9001 に関する大誤解を斬る！

(1)　ISO 9001 に関する誤解が今だに無くならない

ご存知のとおり，ISO 9001 規格は 1987 年に制定，1994 年に改訂，さらに 2000 年に大改訂，2008 年に追補改訂，そして 2015 年に大改訂と，これまで都合 4 回改訂されており，ISO の MS(マネジメントシステム)認証制度が開始されて 33 年以上が経過している．また，日本における ISO 9001 認証組織数は 5～6 万程度で，概していえば 100 社に 1 社は認証取得しており，近年認証組織数が減少傾向にあるものの，日本においては広く普及している規格であることは確かである．

一方で，このように広く普及しているメジャー規格ではあるものの，「文書があればそれでよい」，「認証・維持に手間がかかって本業がおろそかになる」，「マネジメントシステムはすでにあるから ISO は必要ない」といった ISO 9001 に対する誤解や疑問は，今においてさえも耳にすることが少なくないのは大変残念であるとともに，そのような誤解のために ISO 9001 を経営にうまく活用できていない現状に対して，筆者らは強い危機感を抱いている．

そこで本書に先立って，拙著『ISO 運用の“大誤解”を斬る！ ―マネジメントシステムを最強ツールとするための考え方改革』(共著，日科技連出版社，2018 年)を出版させていただいた．ここでは，ISO 9001 に対する“典型的な”誤解を 12 に整理し，各誤解に対して，具体的な事例を用いながら丁寧に解説しているだけでなく，その誤解の先にある「では，どうすればマネジメントシステムを真に経営に役立つツールとするのか」までを示唆した．

前述の拙著内で取り上げた具体的な大誤解のテーマは以下のとおりで

ある．

誤解 1：ISO 9001 をやれば会社はよくなる

誤解 2：ISO 9001 の認証取得(維持)費用は高すぎる

誤解 3：ISO 9001 は大企業の製造業向けで，中小・零細企業には無理である

誤解 4：マネジメントシステムはすでにあるのだから ISO マネジメントシステムは必要ない，ISO マネジメントシステムは構築できない

誤解 5：ISO 9001 認証の取得・維持に手間がかかりすぎて，本業がおろそかになってしまう

誤解 6：どうやったら ISO 9001 が楽に取れますか？

誤解 7：ISO 9001 に基づくシステム構築は品質部門の仕事です

誤解 8：ISO 9001 では結局，文書があればそれでいいんでしょ？

誤解 9：今回の審査も指摘がゼロでよかったです！

誤解 10：ISO 登録維持のための年中行事として，内部監査とマネジメントレビューをちゃんと継続してやっています

誤解 11：QMSって，ISO 9001 のことですよね

誤解 12：ISO 9001 認証を受けた会社は，市場クレームを起こさないんですよね

(2)　ISO 9001 を使いこなすためのエッセンスとは

12 の大誤解に対する解説を通じて伝えたかったことは，ISO 9001 を最大限に使いこなすための考え方であり，そのエッセンスをまとめたのが図 1.1 である．

1)　経営の仕組みにおける ISO 9001 の位置づけの正しい理解

まずは図 1.1 の左側を見てほしい．3 つの丸い枠があるが，外側が経営管理全般に関わる仕組みである「MS(マネジメントシステム)」，その

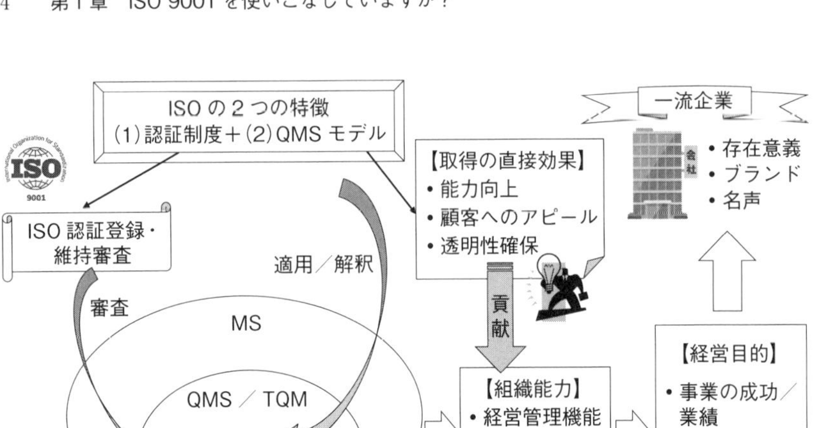

図1.1　ISO 9001を使いこなすための基本モデル

内側に日本型の総合的品質経営である「QMS/TQM」，そのさらに内側に「ISO 9001」としている．ここで言いたいことは2点ある．一つはISO 9001ベースのQMSは日本型の総合的品質経営であるTQMの一部であり，TQMは経営全般のMSの一部であると理解すべき，ということである．経営のMSとISO 9001のQMSの枠が重ならずに別個にあるわけでは決してない．もう1点は，ISO 9001とQMS/TQMはその適用範囲(広さと深さ)に違いはあるが，両者ともに「品質(Quality)」を目的としたMSであり，経営一般のMSのコアな部分を占めているという点である．

2)　経営目的の達成手段としてのQMS

次に，図1.1の中央左側から右側に向かって見てほしい．ISO 9001,

QMS/TQM，そしてそれらをカバーするMSは経営管理の仕組みであり，この仕組みの構築，運用を通じて組織として何らかの能力，すなわち「組織能力」が発揮され，その能力の発揮先として「経営目的」が示されている．「経営目的」としては，顧客企業からの要求に適合する製品の提供，さらに一歩踏み込んで魅力的な製品づくりを通じた製品競争力の向上，それらにより当該事業での財務的成功の達成などにつながる．そして最終的な結果として，図1.1の右上にあるように，社会における存在意義を認められ，ステークホルダーとの良好な信頼関係構築に基づいた企業ブランド力向上や名声の獲得に至る．

3） ISO 9001 の特徴・本質

今度は図1.1の左上に注目してほしい．すでにご承知のとおり，ISO 9001は「MS認証制度」とISO 9001に基づく「QMSモデル」という2つの特徴を有している．前者のMS認証制度とは，第三者機関によって企業・組織のマネジメントシステムがその規格の要求事項を満たす能力があることを審査によって示すことであり，「能力証明」である．したがって，顧客に対して「○○の能力をもっている」ということのアピール，及び第三者機関が審査をしているため透明性の確保にも，一定の効果を発揮し得る．後者のQMSモデルでは，ISO 9001の要求事項の内容を適切に解釈し，自組織にうまく取り込んでISO 9001ベースのQMSを構築，運用することによって，高品質の製品・サービスを顧客に提供するための組織運営基盤が確立できるなどの「能力向上」の面も，重要な効果として挙げられる．

4） ISO 9001 の「能力向上」効果の積極的な活用

改めて，ISO 9001の取組みを行う，また維持していくということは何を意味するのだろうか．一つには，上述したMS認証制度によってISO 9001の認証を獲得し，これによる顧客へのアピール，透明性確保などの「能力証明」としての活用である．自社のISO 9001認証ではなく，例えば部品供給者の選定，評価においてその供給者が ISO 9001 認証取得しているかどうかで加点，評価の省略を行うことがあるが，これは供給者の ISO 9001 認証を自社で活用する例である．

もう一つは，こちらのほうが本書の主旨に大いに関係してくるが，「能力向上」の面である．図 1.1 でいえば，ISO 9001 認証の「取得の直接効果」のうち，能力向上をいかにその下の「組織能力」の向上に貢献でき得るかの“下矢印”のことである．ISO 9001 の取組みの目的やねらっている効果が何であり，それはどの組織能力の向上に貢献し，結果として自社の経営目的のどこにつながるのかという思考が，ISO 9001 の有効活用において極めて重要と理解すべきである．

5）QMS の「構築と運用」のセットで取り組むことによる期待効果の獲得

もう一度，図 1.1 の左側中央の丸い枠をよく見てほしい．ISO 9001 の枠の中に「構築＋運用」と表記されている．「構築」とはまさしく ISO 9001 に基づく QMS を自社内に構築することであり，具体的には品質マニュアルを始めとする品質保証体系図，それに紐づく各種規定，手順書・マニュアル，帳票・基準類などの作成と整備のことである．これらの作業にはそれなりの時間・工数がかかることは容易に想像できる．しかし，このように苦労して作成した文書類をただそのまま置いておくだけでは，ISO 9001 に期待する効果を現実化し獲得できるはずもなく，当然ながら会社の実態ある活動として実施し，維持し，問題があれば改善していくという「運用」を行うことが必要不可欠となる．つまり，「ISO 9001 においては QMS を可視化・標準化した文書類があればそれでよい」との認識は大きな誤解であり，現実の日常的な活動に落とし込んではじめて、ねらった効果を得ることが可能となる．至極当然のことであるが，あえてここに明記しておきたい．

6）経営の一側面としての「品質」

また，「品質」だけでなく「環境」などの他の目的に基づくMSとの関係性について述べたのが図1.1の左下である．この部分では，例えば品質のMSと環境のMSが別個にあるのではない，経営におけるMSはただ1つしかなく，それを“品質”，“環境”…などの側面から見ているに過ぎない，と示唆している．その意味で，品質と環境の統合化という言葉の使用は，審査における統合化とそれによる審査の効率化という文脈では正しいが，MSの視点から見ると，そもそもただ1つのMSであるのだからそれを統合化する，というのはおかしいことになる．

7）ISO 9001 導入による費用対効果に対する適切な認識と行動

最後に，ISO 9001の構築，運用には費用がかかるが，その費用対効果をどのように考えるべきかを示したのが図1.1の右下である．まず効果については，最終的には「組織能力」の向上を通じた「経営目的」の達成度合いとして捉えるべきであろう．当然ながら，その達成度合いは企業・組織がいかにISO 9001を有効活用したかに大きく依存する．本気になって取り組めばそれなりのよい効果が得られる可能性が高まるし，形式的で表層的な取組みに終始すれば効果など期待できるはずもない．ISO 9001の取組みと経営目的の因果関係の把握やその定量的な評価が困難なケースが多いことは理解できるが，それでもISO 9001の効果を過小評価せず，その正確な把握に努めたいものである．

費用に関しても，ISO 9001の取組み＝顧客の要求に確実に適合する製品を作り出すための社内の品質保証体系を構築し，運用することであるから，ISO 9001認証取得の有無に関わらず，顧客とのビジネスの開始・継続において必要不可欠な活動であり，当該事業運営における「投資」と考えるべきである．投資という視点からは，取組みとその取組みから得られる効果の間には時間的なズレがあることに留意し，短期的に効果を得ようとする性急な行動も抑制しておきたいと思われる．

1.2 ISO 9001：2015 年改訂版に真摯に対応する

ところで，ISO 9001 の 2015 年改訂版は，1987 年の初版から数えると 2000 年の大改訂から 2 度目の大改訂となる．2000 年の大改訂では QMS 認証の移行期間が 2 年であったが，今回の 2105 年版ではそれよりも 1 年長い 3 年と設定されていることからすれば，相当に大きい改訂と捉えるべきであろう．

しかしながら，2008 年版と本質的には何も変わらない，基本的に今のままで移行が可能といわれ，各企業・組織はそれで一安心しているとの噂もある．もちろん，ISO 9001 が意図する QMS の目的や Scope（適用範囲）は本質的には変わらないが，2015 年版は QMS の目的（＝顧客満足）を以前より効果的に達成できるような工夫がされている．

筆者がとりわけ重要と考える大きな変更は，以下に示す箇条 4 の「組織の状況」である．本箇条 4.1 ～4.3 の真意を適切に理解しているかどうかが，本書のテーマである「ISO 9001 をアンリミテッドに活用できる」かどうかにつながると考える．

4　組織の状況

4.1　組織及びその状況の理解

組織は，組織の目的及び戦略的な方向性に関連し，かつ，その品質マネジメントシステムの意図した結果を達成する組織の能力に影響を与える，外部及び内部の課題を明確にしなければならない．

組織は，これらの外部及び内部の課題に関する情報を監視し，レビューしなければならない．

注記 1　課題には，検討の対象となる，好ましい要因又は状態，及び好ましくない要因又は状態が含まれ得る．

注記 2　外部の状況の理解は，国際，国内，地方又は地域を問わず，法令，技術，競争，市場，文化，社会及び経済の環境から生じる課題を検討することによって容易になり得る．

注記 3　内部の状況の理解は，組織の価値観，文化，知識及びパフォーマンスに関する課題を検討することによって容易になり得る．

4.2　利害関係者のニーズ及び期待の理解

次の事項は，顧客要求事項及び適用される法令・規制要求事項を満たした製品及びサービスを一貫して提供する組織の能力に影響又は潜在的影響を与えるため，組織は，これらを明確にしなければならない．

a）品質マネジメントシステムに密接に関連する利害関係者

b）品質マネジメントシステムに密接に関連するそれらの利害関係者の要求事項

組織は，これらの利害関係者及びその関連する要求事項に関する情報を監視し，レビューしなければならない．

4.3　品質マネジメントシステムの適用範囲の決定

組織は，品質マネジメントシステムの適用範囲を定めるために，その境界及び適用可能性を決定しなければならない．

この適用範囲を決定するとき，組織は，次の事項を考慮しなければならない．

a）4.1 に規定する外部及び内部の課題

b）4.2 に規定する，密接に関連する利害関係者の要求事項

c）組織の製品及びサービス

決定した品質マネジメントシステムの適用範囲内でこの規格の要求事項が適用可能ならば，組織は，これらを全て適用しなければな

らない．

組織の品質マネジメントシステムの適用範囲は，文書化した情報として利用可能な状態にし，維持しなければならない．適用範囲では，対象となる製品及びサービスの種類を明確に記載し，組織が自らの品質マネジメントシステムの適用範囲への適用が不可能であることを決定したこの規格の要求事項全てについて，その正当性を示さなければならない．

適用不可能なことを決定した要求事項が，組織の製品及びサービスの適合並びに顧客満足の向上を確実にする組織の能力又は責任に影響を及ぼさない場合に限り，この規格への適合を表明してよい．

4.4　品質マネジメントシステム及びそのプロセス

4.4.1　組織は，この規格の要求事項に従って，必要なプロセス及びそれらの相互作用を含む，品質マネジメントシステムを確立し，実施し，維持し，かつ，継続的に改善しなければならない．

組織は，品質マネジメントシステムに必要なプロセス及びそれらの組織全体にわたる適用を決定しなければならない．また，次の事項を実施しなければならない．

a）これらのプロセスに必要なインプット，及びこれらのプロセスから期待されるアウトプットを明確にする．

b）これらのプロセスの順序及び相互作用を明確にする．

c）これらのプロセスの効果的な運用及び管理を確実にするために必要な判断基準及び方法（監視，測定及び関連するパフォーマンス指標を含む．）を決定し，適用する．

d）これらのプロセスに必要な資源を明確にし，及びそれが利用できることを確実にする．

e）これらのプロセスに関する責任及び権限を割り当てる．

f）6.1 の要求事項に従って決定したとおりにリスク及び機会に取り組む．

g）これらのプロセスを評価し，これらのプロセスの意図した結果の達成を確実にするために必要な変更を実施する．

h）これらのプロセス及び品質マネジメントシステムを改善する．

4.4.2　組織は，必要な程度まで，次の事項を行わなければならない．

a）プロセスの運用を支援するための文書化した情報を維持する．

b）プロセスが計画どおりに実施されたと確信するための文書化した情報を保持する．

箇条 4.1～4.4 の中でも，箇条 4.1 に特に着目してほしい．ここで取り上げられている重要キーワードは，

①　組織の目的

②　品質マネジメントシステム(QMS)の意図した結果

③　組織の能力

④　外部及び内部の課題

の 4 つであり，これらを明確にしたうえで，QMS の構築，運営を行うことを要求している．

最初の①「組織の目的」とは，これから ISO 9001 を認証取得しようとしている(またはすでに取得している)企業・組織の経営や事業の目的そのものである．当然ながら，いかなる企業・組織も顧客や社会への価値提供を行い，持続的に成功していくことが第一義的な目的となるであろう．

②「QMS の意図した結果」とは，そのような顧客・社会への価値提供を通じて得られる顧客満足，その結果としての売上増等の財務的成果があり，また将来的にもこのような価値提供活動を繰り返して実現でき

る経営基盤の整備などを挙げることもできる．

③「組織の能力」とは，①の企業・組織の経営や事業目的として顧客価値提供を実現するために有すべき能力(Capability)を指しており，例えば当該製品分野に固有の技術と管理技術(経営機能でいえば，企画，設計，調達，生産，検査，顧客への引き渡しなど)がある．市場には当該企業・組織だけでなく，競合を含めた広い意味でのビジネスパートナーが存在し，複雑な市場構造を形成している．このような市場(事業)構造を十分に理解したうえで，その中で自社がいかに競争優位を確立して顧客から受け入れてもらえるようにし，結果として②の「QMSの意図した結果(顧客価値提供)」を確実に達成できるようにするために重要となる組織能力を特定し，そこに経営資源(ヒト，モノ，カネ)を集中投入する必要がある．

最後の④「外部及び内部の課題」は，上記で述べた重要となる組織能力を発揮する際にそれを促進または阻害するような組織内外の問題，課題であり，これを決定することを要求している．

つまり，「組織の経営や事業目的の達成手段の重要な一つとしてISO 9001ベースのQMSを位置づけ，その目的である顧客価値を実現するために必要な組織能力を明らかにし，その組織能力を十分に発揮する際に関わる組織内外の課題を明確にすること」が要求されていると解釈すべきであろう．

続く箇条4.2「利害関係者のニーズ及び期待の理解」は，上記でいえば，①の組織の目的における顧客・社会への価値提供の「顧客・社会」と，③組織の能力において，自社以外の「ビジネスパートナ」が求めることや関心事が何であるかを明らかにすることを求めている．そして，これら箇条4.1と箇条4.2の結果を踏まえて，箇条4.3でQMSの適用範囲を決定し，箇条4.4でQMSに必要なプロセスを構築することになる．箇条4.1から箇条4.4まで続くこれら一連の要求事項は，「QMSの目的・意図として何を設定し，その目的・意図の達成手段としてどのようなQMS(適用範囲とプロセス)を設計，運用すればよいかについて自ら決めて実施しなさい」と要求しているのである．

2015年改訂前までは，箇条4.3のQMSの運用範囲を組織が決定し，それに基づいてQMSを構築し，そのとおりに運用することが主に要求されていた．しかし2015年版からは，箇条4.3や箇条4.4をいかに決めるかまでさかのぼって，すなわち，箇条4.1，箇条4.2によって決まる内容を踏まえて決めることまで要求しているのである．これは言い換えれば，これまで無意識的にQMSを運用している企業・組織にとって，QMSを何のために構築し，運用するのかが改めて問われている，と考えてよい．

仮に認証取得組織においてそのようなことを意識し慎重に検討したうえでISO 9001のQMSを経営と一体化してすでに構築，運用しているのであれば，確かに2015年の改訂は“本質的に，今までと変わらない”と判断するのは妥当である．一方で(残念ながらほとんどの組織はそうであると思われるが)，経営の仕組みとは別で，形式的にISO 9001を運営している組織からすれば，この箇条4の内容を適切に理解し，真摯に対応することによって，ISO 9001をアンリミテッドに活用して経営パフォーマンスの向上に大きく貢献できる可能性が生まれるのである．

1.3　13番目の大誤解「ISO 9001は役に立たない」を斬り，対応策を講じる！

1.1節ではISO 9001の有効活用を妨げている12の大誤解を取り上げ，ISO 9001をとことん使いこなすためのエッセンスを述べた．1.2節では話題を変えて2015年改訂版について取り上げ，重要な変更箇所である箇条4の要求事項の内容を適切に理解し，真摯に対応することによっても経営パフォーマンス向上に貢献でき得ることを述べた．

このように，きちんと使いこなせば経営に大きなインパクトを与えられる可能性を大いに秘めている 2015 年版であるものの，「ISO 9001 は(やっぱり)役に立たない」と誤解している方が相変わらず少なくないこと，また先んじて出版した拙書では，誤解を大胆に“斬る！”ことに重きを置いたが，必要な対策もセットにして具体的に提示すべきであったとの認識のもと，本書では前書に引き続き，13 番目の新たな大誤解として，「ISO 9001 は役に立たない」を取り上げ，単に誤解を斬るだけでなく，具体的かつ実践的な対応策を示すこととした．これが，本書を企画・出版するに至った動機，目的である．

1.4　品質を基軸とした経営(品質経営)の実践

本書の第 2 章以降では，13 番目の大誤解「ISO 9001 は役に立たない」に対する対応策として，ISO 9001 をベースにした顧客価値経営の実現に向けた 3 ステップを豊富な事例を交えながら丁寧に解説している．その主旨はまさに「品質を基軸とした経営(品質経営)の実践」であり，これをより的確に理解してもらうための前提として，次の 3 点について解説する．

(1)　品質と経営の関係
(2)　品質と顧客価値
(3)　顧客価値経営のための重要な考え方

(1)　品質と経営の関係

会社経営における基本的な活動は，顧客のニーズを満たす製品を提供し，それによって妥当な対価を顧客から受け取り，それを原資にして将来にわたって顧客ニーズを満たす製品を提供し続けることであり，これらの活動によって社会における自社の存在意義を示し，その証左として持続的成功を成し遂げる，と捉えることができる．

一方で，ISO 9001でいう品質は「顧客の使用目的，要求(事項)を，提供する製品がいかに満たせるか」で決まる．つまり，品質がよい製品を作る＝顧客のニーズを満たす製品を提供するという会社経営の基本的な活動にほかならない．

ということであれば，ISO 9001に基づくQMSとは，顧客のニーズを満たす製品・サービスを効果的・効率的に提供するための，会社経営における仕事のやり方や仕組みと言い換えることができ，QMS≒会社経営の仕組みであり，QMSと会社経営が分離しているということはそもそも考えられない．

また，品質と利益の関係についても考える．利益の計算式は，利益＝売上－原価であり，品質のよい製品のみを提供できれば，ムダがなく“原価”を抑えることができる．また，品質のよい製品というのは，顧客のニーズを満たしているので，顧客からの反応がよく，よく売れて“売上”が上がる．つまり，品質を上げることで，売上が↑，原価が↓となり，結果として利益が上がる．

その意味で，利益は，品質経営活動が成功したかどうかを測るための有用な総合的指標であるし，次なる品質経営活動につなげるための投資(原資)として活用すべきであろう．これらをまとめたのが**図1.2**である．

図1.2を見ればわかるとおり，QMSとは経営の中核となる活動と位置づけられるべきである．また，品質とは製品・サービスの提供に対する顧客の評価であり，この評価が高いことが“品質がよい”ということであり，これにより企業は売上・収益を獲得できる．そして，経営の目的はそのような高品質の製品を提供し続けることによって顧客に貢献することであり，その持続的成功が会社組織の永続的な存続の基盤となる．

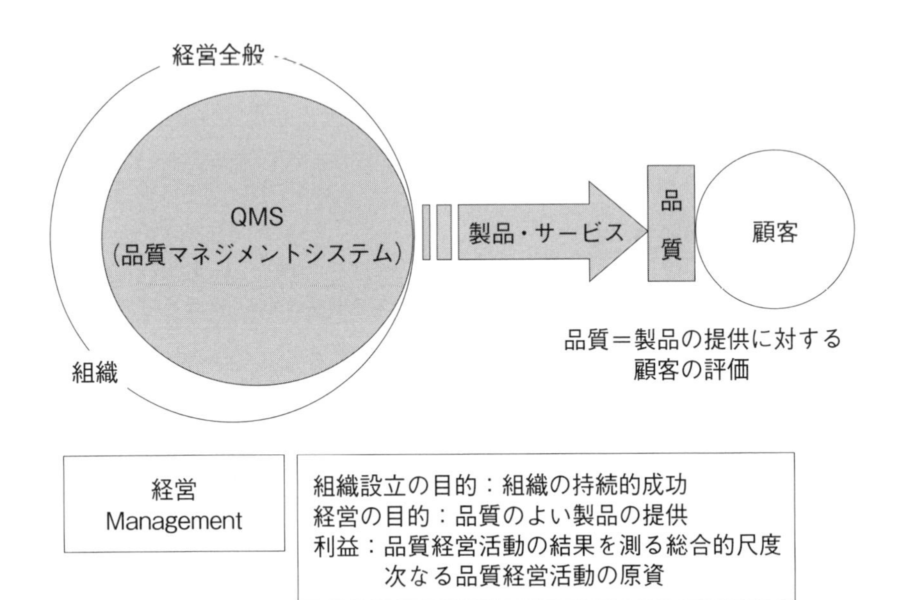

図1.2　経営における品質の位置づけ

(2)　品質と顧客価値

図1.2で示したとおり，品質とは組織が提供した製品に対する顧客の評価である．評価が高ければ品質がよく，評価が低ければ品質が悪いと判断される．一方で，顧客価値とは組織が提供した製品を使用したり，消費することによって顧客が得られる効用や便益のことである．得られる効用や便益の質，量の両面において，顧客にとって意味があり，十分に役立っていて満足しているのであれば，それは顧客に何らかの価値，すなわち顧客価値があると認められ，製品の提供を通じた顧客価値提供が行われたと捉えられる．

このように理解すれば，われわれが従来「品質」と考えていたことは「顧客価値」にほかならず，品質とは製品の提供を通じて顧客に提供される価値，すなわち顧客価値に対する顧客の評価である．つまり，「品質」を目的としたMS規格であるISO 9001の潜在的な可能性を大いに発揮させ，アンリミテッドに活用することによって品質経営，さらにはその先の顧客価値経営をも実現することが可能となる．

(3)　顧客価値経営のための重要な考え方

ここで，顧客価値経営を実践するうえで極めて重要な考え方を，以下に4つ紹介する．

1)　顧客に提供しているのは製品ではなく，顧客価値

突然であるが，顧客に提供しているのは本当に製品そのものだろうか？　例えば，スターバックス(以下，SB)の製品はコーヒーであるとは，少なくともSBの方々は考えていない．SBが顧客に提供しているのは，コーヒーではなく“ひとりでホッとできる空間”である．本当にコーヒーのみがほしいのであれば，コンビニエンス・ストアの100円程度のコーヒーでよく，コーヒー1杯が300円以上もするSBに顧客が行くのは，コーヒーそのものではなく，それを通じて提供された“ひとりでホッとできる空間”という「顧客価値」を欲しているからである．

製品という言葉から，何か物的なモノに限って考えてしまいがちであるが(ISO 9000には製品とはサービスを含むものとされているが)，それを通じ提供されるモノ，それが1つ目の「顧客価値」である．繰り返しになるが，顧客価値とは，提供された製品を消費，使用する際にお客様が感じる効用，メリット，有効性を指す．そして，市場に多くの類似製品が存在している場合には，その顧客価値を最も提供してくれる企業・組織の製品を顧客は選ぶことになる．

10年以上連続で増収増益を続けているSBは，この点が競合よりも優れていることにより，顧客に選ばれ続けている．SBは日本においては1,000店舗を超え，どの都道府県にも最低1店舗以上ある．筆者もそのユーザの一人であるが，どの地域のどの店舗であっても，“ひとりで

ホッとできる空間”を確実に提供してくれていると感じる．これは言い換えれば，そのような顧客価値をお客様に確実に提供するために，店舗のデザイン，レイアウト，店員の対応などが，“ひとりでホッとできる空間”を機軸として，丁寧にかつ一貫して設計されているといえるであろう．

2）顧客価値提供のための組織能力と競争優位要因

顧客価値を提供し続けるためには，そのための能力が会社には必要であり，それが2つ目の「組織能力」である．例えば，SBの顧客価値は自宅でも会社でもない“ひとりでホッとできる空間”だが，日本全国1,000店舗のどこであっても当該顧客価値を確実に提供できなければならない．入店した瞬間のコーヒーのよい香り，注文を受けてから丁寧に時間をかけてコーヒーを作るプロセス，顧客の好みへの細かい対応，座り心地のよいソファと広いスペースで好きなことに没頭できる空間・雰囲気づくり，それを支えている店内スタッフの対応，店舗内のレイアウト・色合い，椅子やテーブルなど，あらゆるモノが自宅でも会社でもない“ひとりでホッとできる空間”という顧客価値を中心にデザインされている．しかも，どの店舗に行ってもほぼ同様な体験を提供してくれるのは，まさに個々人ではなく，SBという会社組織全体で持っている能力＝「組織能力」があると実感させてくれる．

ただし，同様な顧客価値を提供する競合相手は存在する，または当初はブルーオーシャンであったが市場の魅力に気がつき，多くの競合がひしめくレッドオーシャンになる可能性も否定できない．このような競争環境下において顧客から競合ではなく自社を選んでもらうようにするためには，競合と比べて優位性のある顧客価値を提供できなくてはならない．そのためには，自社の特徴や強み・弱みを踏まえたうえで競争優位性のある顧客価値提供に最も重要となる組織能力である競争優位要因の特定が重要であり，またこれが何であるかを見極めることが大事である.

3)　システム化：競争優位となる組織能力の発揮手段としてのQMS

仮に競争優位要因が特定できたとしても，企業・組織内の個々人のやる気だけに頼るのではなく，会社全体としてその組織能力を十分に発揮できるようにするためのさまざまな環境整備を行う必要がある."思いを形に"という言葉があるが，会社が競争力のある顧客価値提供を実現にするためには，上記2)で述べた組織能力を会社の仕組みであるQMSに組み込んでおく必要がある．それが3つ目の「システム化」であり，QMSは競争優位となる組織能力を発揮し，システム化するための手段であるといえる.

SBの例でいえば，店内スタッフの対応能力は，顧客価値を実現するための重要な一要素となる．この組織能力をもう少し具体的にすると，スタッフの笑い方，話し方，身振り・素振り，対応の仕方やお客様の細かい要望に応える技量・スキル，よい意味で「ほったらかしてくれる」気配りなどが必要であり，全国1,000店舗のすべてでこれらを確実に実施するためには，当然それらが実施できるような教育・訓練の仕組みが大切となる．この教育・訓練の仕組みは，QMSの一部である.

つまり，

- 顧客価値：自宅でもない，会社でもない"ひとりでホッとできる空間"の提供
- 組織能力：(価値提供に必要な一つの組織能力として)店内スタッフの対応能力
- QMS　　：店内スタッフの対応能力を身につけさせるための教育・訓練の仕組み

となり，

顧客価値　←　組織能力　←　QMS

という関係を理解すべきである．競争優位となる組織能力を組織として

発揮するためには，どんな会社の仕組み，QMSであればよいかという思考が，各企業・組織によって必要不可欠となる．

4） 変化への対応

顧客のニーズの多様化・高度化，新規技術の開発，新興競合他社の参入など，経営環境は常に変化している．これにうまく対応しなければ，組織は長生きできず，持続的成功も達成できない．つまり，最後の4つ目の重要な考え方は「変化への対応」である．変化の時代に必要な能力，それは第一に変化を知りその意味を理解する能力，第二に自己の強み・弱み，特徴を認識する能力，第三に変化した暁に実現すべき自らのあるべき姿を自覚する能力，そして第四に自己を変革できる能力であると整理できる．

上記3)で述べた会社の仕組みであるQMSには，このようにあらかじ

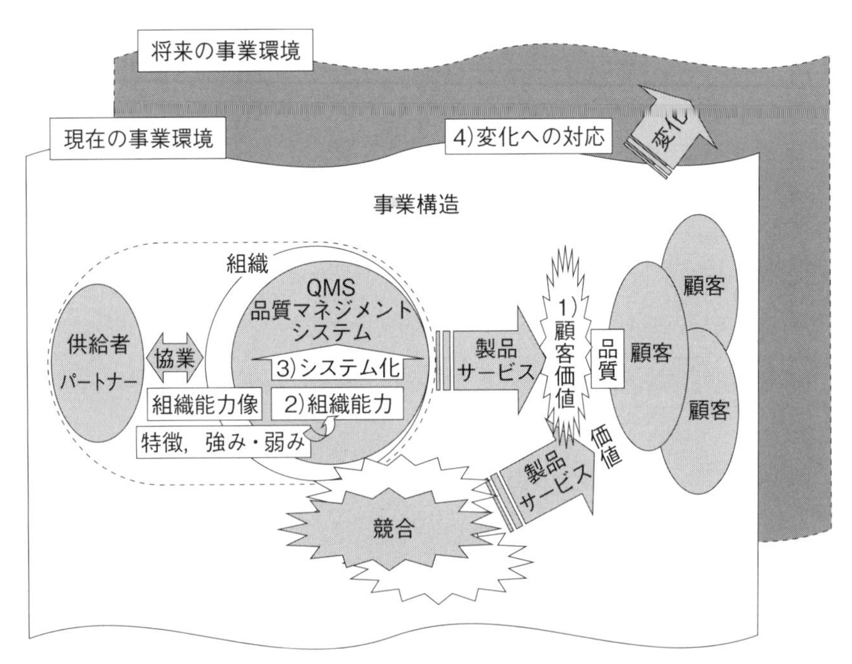

図1.3　顧客価値経営の4つの重要な考え方

め変化に柔軟に対応できる仕組みも組み込んでおくことが必要となる．より具体的にいえば，現在の会社の仕組みがその経営環境変化に適切に対応できないのであれば，漸進的な改善だけではなく大きな革新を起こす必要があり，それを可能とするような会社の仕組み・プロセス・体制を事前に構築しておくということになる．

以上の 1)～4) の顧客価値経営の重要な考え方をまとめたものが**図 1.3** である．

1.5 顧客価値経営への道筋

1.1 節～1.4 節までで，品質保証＋αの必要最低限の要求レベルである ISO 9001 をうまく使いこなすことで経営のパフォーマンス向上に寄与でき，品質経営やその先の顧客価値経営の実践につながることについて解説した．しかしながら，それはただの机上の空論，絵の描いた餅であり，“本当に実践できるのか？”と疑問をもっている読者も少なくないと予想される．本書の第 2 章以降はこの疑問に答える形で構成されている．

第 2 章では，ISO 9001 をアンリミテッドに活用して顧客価値経営の実践に向かうステップを 3 つに分け，各ステップでどのような活動を行い，その結果としてどのような効果が期待できるかの全体像を解説している．すなわち，ISO 9001 をベースにしてそれをとことん使いこなすことで，最終的に顧客価値経営の実践に至る道筋を示している．

第 3 章～第 5 章の各章はそれぞれのステップに相当し，複数社の取組み事例を紹介しながら，各ステップ内で実施すべき手順とその際の留意事項について，詳細かつ丁寧に解説している．

最後の第 6 章と付録には，本書に書かれているステップに沿ってこれから取り組もうと思われる企業・組織の QMS に関わる現状を評価するための「各ステップに対応したチェックリスト」を掲示し，その使用方法を解説している．本チェックリストを使用することによって，自社の特徴や QMS への取組みレベルに合った自社独自の，現実的に実施可能な活動として進めることができる．

より多くの企業・組織で本書で示す活動が実践されることを切に願う．

第2章

ISO 9001 を アンリミテッドに活用して 経営パフォーマンスを上げる

本書では，ISO 9001 を利用した QMS によって真に経営パフォーマンスを上げるための方法を解説している．この方法は，下図に示す「3 ステップ」で段階的に効果をあげながら進めていく．

本章では，この 3 ステップをより効果的・効率的に進めていくために，その概要と留意点を解説する．

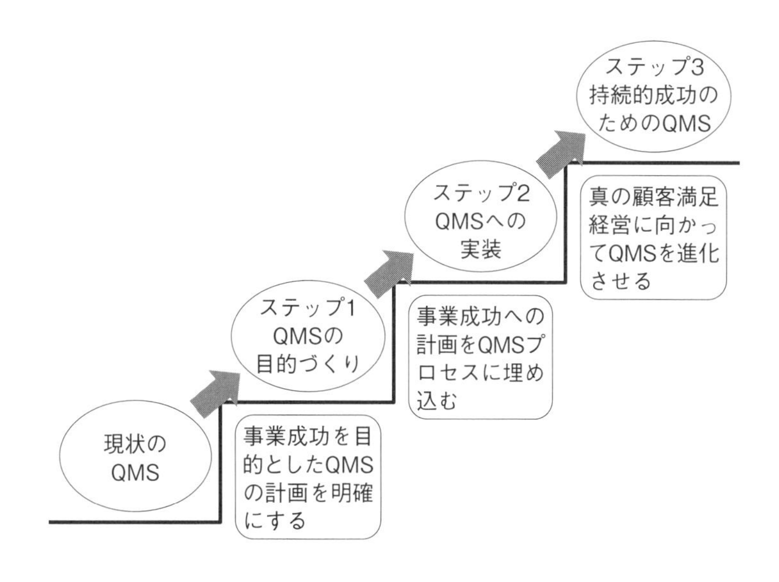
現状の
QMS
ステップ1
QMSの
目的づくり
事業成功を目的としたQMSの計画を明確にする
ステップ2
QMSへの
実装
事業成功への計画をQMSプロセスに埋め込む
ステップ3
持続的成功の
ためのQMS
真の顧客満足経営に向かってQMSを進化させる

2.1 ISO 9001[1]アンリミテッド活用のキーは4.1項にあり！

ISO 9001規格[2]の4.1項「組織及びその状況の理解」は，一言でいうと，「自社を取り巻く外部の状況と，自社の内部にある状況をしっかりと把握して，自社のもつ課題を明確にする」ように規定している．このことは，経営書を紐解くと必ず出てくる経営管理の基本中の基本でもある．

そしてISO 9001規格は，その“課題”を，「品質マネジメントシステム(QMS)[3]の意図した結果を達成する組織の能力に影響を与えるもの」とその範囲を少し限定している．実はここが，ISO 9001の活用を100%以下にしてしまうのか，あるいはそれ以上にするのか，そして結果として，ISO 9001を経営パフォーマンス向上に役立てることができるかどうかの重要な分岐点となる．まさに，ISO 9001をアンリミテッドに(限界を超えて)活用できるかどうかの分岐点なのである．

ISO 9001を適用する組織が，この“意図した結果”を，自社の都合に合わせて，努力のいらないものとしていたり，“組織の能力”を読み飛ばして漠然ととらえていたり，あるいは，自社にはすでに経営管理のしくみは他にあるから，ここはそれを品質マニュアルに引用するだけでよいとしたりしている場合には，現状と何も変わらない．

---

1)「ISO 9001」といったときには，一般的には，ISO 9001の認証またはその制度のことか，ISO 9001規格のいずれか，あるいはその運用も含めての全体を指すが，ここでは，そのうちの全体を指している．本書ではこのような使い方をしていることが多い．

2) 本書中で「ISO 9001規格」，または単に「規格」というときは，特に断りがない限り「ISO 9001の2015年版規格」を指している．

3)「品質マネジメントシステム」を，本書では「QMS」と略称することもある．また，上記以外で，「ISOマネジメントシステム」，「ISO 9001マネジメントシステム」，「ISO 9001 QMS」というときは，当該のISO規格に適合するように構築してあるマネジメントシステムを指している．

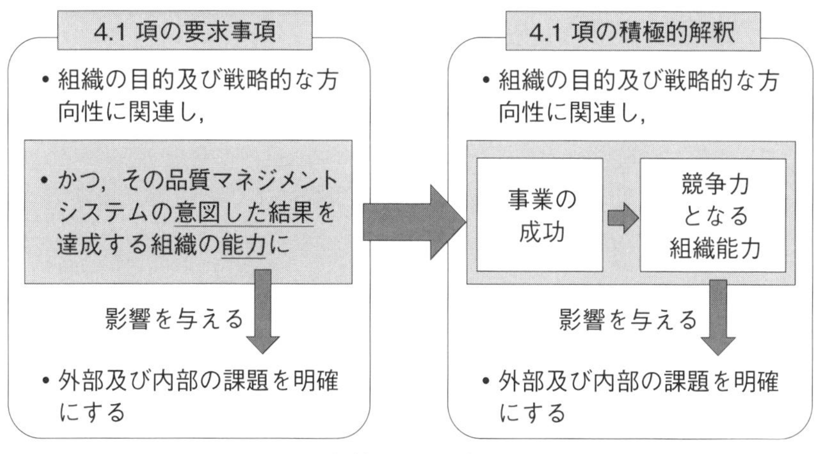

図 2.1　規格 4.1 項の積極的解釈

ところが, この"意図した結果"を「事業の成功」とし,"組織の能力"を「自社の競争力となる組織能力」と明確にする, すなわち「事業の成功を達成するための競争力となる組織能力に影響を与える外部及び内部の課題を明確にすること」と考えることにより, どのような組織であっても, ISO 9001 はその限界を超えて, 経営に役立つ ISO 9001 へと一歩踏み出せるのである(**図 2.1** 参照).

2.2　既存システムや実態をベースにしてチューンアップ([ステップ 1], [ステップ 2])

さて, ISO 9001 をそんな大それた目的(少しも大それてはいないのだが)にしてしまって, 困らないのか？　あるいは, そんなことできるのか？　という声も聞いたことがある.

そこで本書では, このシステムを一気につくり上げるのではなく, ISO 9001 規格で構築している現状の既存システムをベースとして, そこに, 第5章で説明をしている「顧客価値経営」の考え方や要素を, 自社の状況やニーズに応じて，［ステップ 1］と［ステップ 2］で段階的に取り入れていけるようにしている．この方法によって，すべてのステップが完了しないとその成果を得られないということではなく，自社の比較的弱いところを強化するたびに効果が現れていくようになるのである．

前節で述べた規格 4.1 項の内容については，「経営」という側面で見ると，当該組織にとっての的確性やしくみ化の程度，その実行性にばらつきはあるものの，一般的にはどのような組織でも必ず行っているものである．その実態をベースにして，そこに「顧客価値経営」の考え方を取り入れて，これを ISO 9001 規格の流れを利用して可視化していくようにしている．これが［ステップ 1］(第 3 章)である．

往々にして見受けられるのは，計画はすばらしくできているのに，そのことが実際の活動の中に活かされていない例である．すばらしい経営計画が(場合によりいくつも)できていながら，これが絵に描いた餅になっている．才覚のある経営者が，その頭の中にすばらしい経営計画を描いていながら，これが現場に理解されず，その効果が大幅に削がれていることもある．これらをカバーして，現場の実態をベースにして，ISO 9001 のプロセスアプローチを正しく使って，効果に結びつける．これが［ステップ 2］(第 4 章)である．

本書は，超 ISO 企業研究会が長年にわたる研究の成果である理論を底流としているが，それは決して机上の理論ではなく，一つひとつのすべてについて実施した事例があり，その成果が認められている．みなさんの今あるシステムの足りないところを見つけて，そこを強化していくだけでも，みるみる役に立つものになっていくはずである．［ステップ 1］，［ステップ 2］はそのようなことを踏まえて読み進め，適用していくとよいだろう．

超 ISO 企業研究会とは，東京大学名誉教授の飯塚悦功先生を委員長として，産・学・コンサルタントの専門家によって活動している研究会である．その源は，「(日本の代表的な品質経営手法である)TQM と ISO 9001 の効果的な融合」からはじまり，現在は，進化した品質経営手法として「顧客価値マネジメント」を確立して，この普及活動を展開している．研究会の成果としては，『超 ISO 企業』，『進化する品質経営』，『ISO 運用の“大誤解”を斬る！』(以上，日科技連出版社)，『ISO から TQM 総合質経営へ』，『競争優位の品質マネジメントシステム』(以上，日本規格協会)など，多数の書籍を刊行している．

2.3 事業の“持続的成功”への道([ステップ 3])

自社の QMS は，[ステップ 1] と [ステップ 2] の実施によって，事業の成功に向けて強化され，経営パフォーマンスに貢献するものとなってくるはずである．しかしながらここで満足せずに，ちょっと見上げてみると，品質経営の究極の姿ともいうべき「顧客価値経営」が手の届くところに来ている．

自社の提供する「顧客価値」を明確にし，この源泉となる自社の「組織能力」を把握し，その中で他社と差別化できる「競争優位要因」をしっかりと特定して，これらの関係を強く意識した自社の「成功のための事業シナリオ」を描きながら経営をすることで，事業が持続的に成功する道をたどることができる．このような品質マネジメントシステムの確立した究極の姿を目指してさらなるステップアップを図る，それが [ステップ 3](第 5 章)である．

また，通常はこの真の顧客満足経営ともいうべき「顧客価値経営」を構築するには，そのための新たな知識や理解を得るための時間が必要であり，その間に挫折をしてしまう例もあった．しかしながら本書では，ISO 9001 で構築された QMS をベースにして，これを［ステップ 1］と［ステップ 2］で段階的に効果をあげながら導入していくので，そのようなことは起こりにくいというメリットもある．

2.4　本書を効果的に読み，適用するために

前述の 3 ステップの概要と，それぞれのステップにおける期待効果を，**表 2.1** に示す．また**図 2.2** に，それぞれのステップの関係を示した．まずは全体の構成を理解するとよいであろう．

また，全編にわたって留意したのは，できるだけ豊富な適用例を載せて，より具体的にすることにより，理解を深め，自信を持って適用できるようにしたことである．事例に挙げた組織も，業種及び規模をある程度広くしている．なお，ステップ 1～3 についての解説では，一貫性をもったシンプルな解説とするため，小規模企業の T 社の事例を比較的多く採用している．

事例各社のプロフィールを**表 2.2** に示しておくので，参考にされたい．

第 6 章では，企業タイプに応じた活用のポイントを示し，巻末の付録には，各ステップのチェックリストも用意してあるので，これらも併せて利用しながら読むことで，より理解と関心が深められ，効果的に適用されるであろう．一通りの読後に，自社の不十分と思われるシステム要素について，再読することも効果的と思われる．

本書では，効果的に適用するために，ステップと手順を設定している

表 2.1　3 ステップの概要と期待する効果

ステップ	概要	期待する効果
［ステップ 1］：QMS の目的づくり	ISO 9001 規格の 4.1，4.2，6.1 項と，この流れの中に，「顧客価値経営」の考え方を導入して，「事業の成功」を目的とした具体的な QMS の計画を明確にする	「事業の成功」を目的とした，経営パフォーマンスにつながるような，経営者の“思い”のこもった QMS の計画ができる
［ステップ 2］：QMS への実装	ISO 9001：2015 規格で強化された「プロセスアプローチ」を活用して，規格要求事項と［ステップ 1］で決めた取組みを，自社の業務プロセスの中に組み込む	［ステップ 1］で明確にされた QMS 計画が，各プロセスの実態業務の中に実装されて，ISO 9001 が事業活動と一体化して，事業の成功につながる
［ステップ 3］：持続的成功のための QMS	［ステップ 1］，［ステップ 2］で強化された QMS をベースにして，「事業成功のシナリオ」を描き，これを実現できる品質経営に進化させる	自社の提供する顧客価値と，この価値を生み出す組織能力を軸とした「成功のシナリオ」が明確になり，これが実現されるシステム化が進んで，自社の事業の持続的な成功につなげられる

(**図 2.3**)．ただし，これらは，必ずこのステップ及び手順の順序どおりに進行させなければならないということでもない．特に［ステップ 1］を適用させるときには，［ステップ 3］の手順中の可能なものは適用させたほうがよいし，すでにそのレベルのことを運用している場合も結構あるかもしれない．あるいは，各手順をチェックリスト代わりに利用して，“いいとこ取り”をして使おうと意図する方もいるかもしれない．要は，うまく使って，自社のマネジメントシステムが経営に役立つように使用されることを願っている．

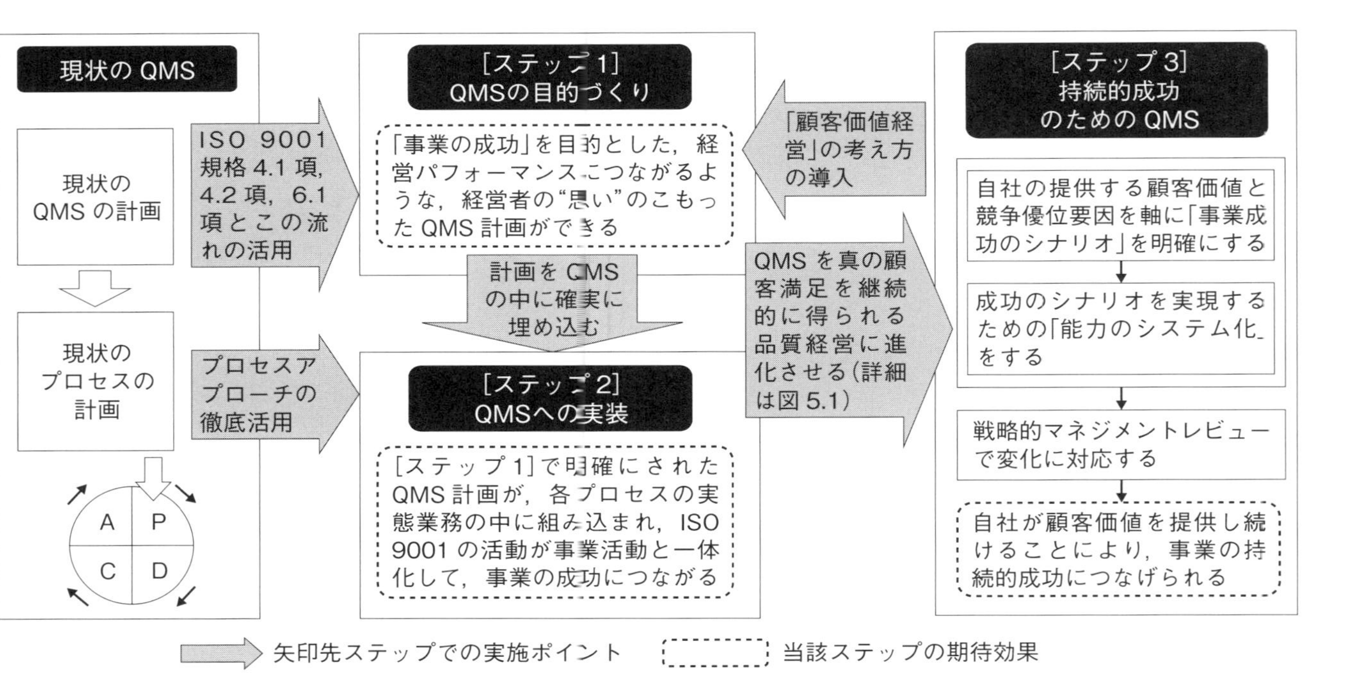

図2.2　3ステップの全体像

表 2.2 事例に用いている企業のプロフィール

	T 社	N 社	TP 社
業種	製造業	製造及び施工業	サービス業
製品またはサービス	ゴムワッシャー	食品関連設備	広告代理店
直接の顧客	自動車メーカーなど	大手食品メーカー	中小・中堅企業全般
規模	10 名程度	100 名程度	50 名程度
マネジメントシステムの種類	品質	品質，環境	品質，環境
QMS の運用歴	13 年	5 年	2 年

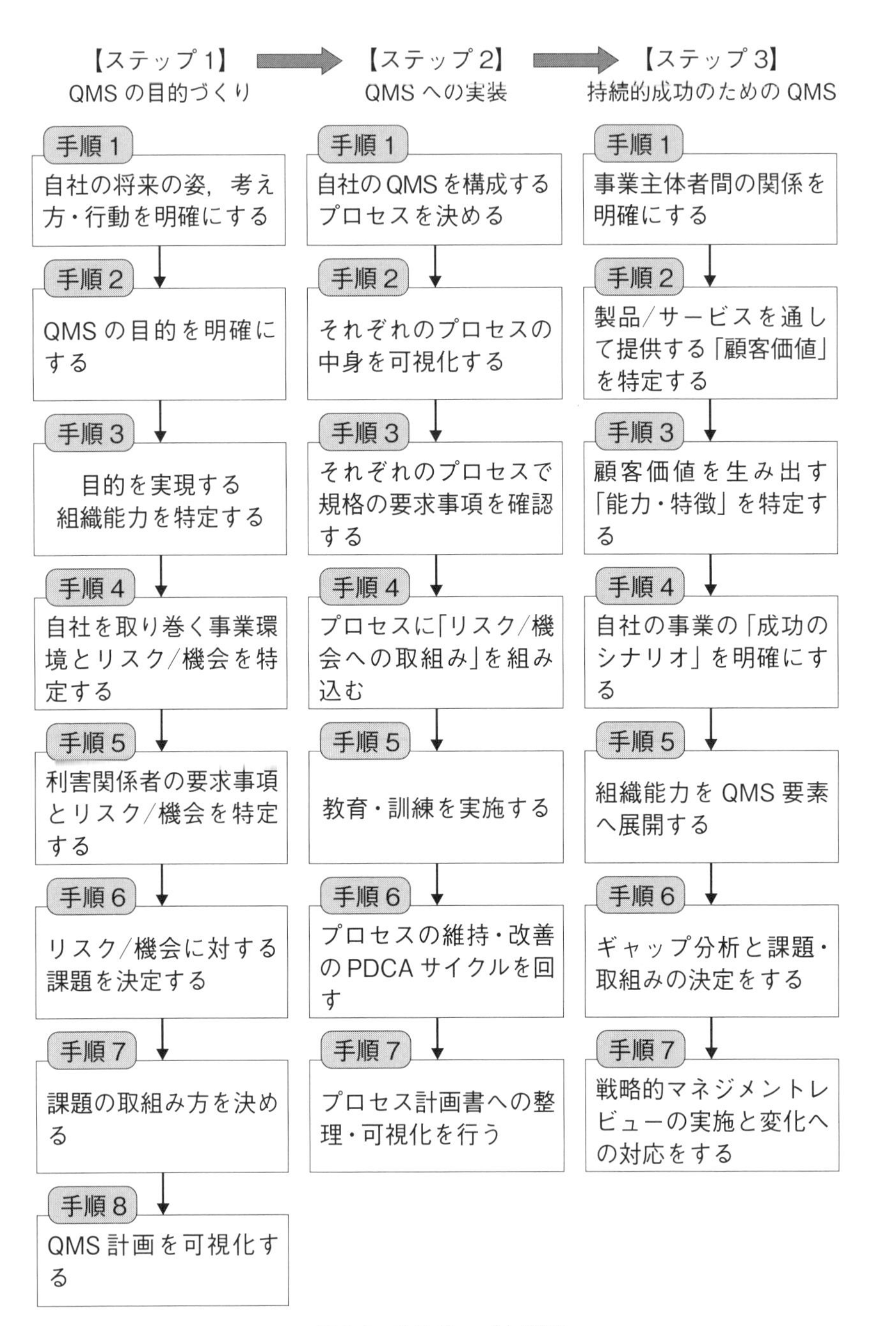

図 2.3　3 ステップと手順

第3章

[ステップ 1] QMS の目的づくり

[ステップ 1] では，ISO 9001 規格の 4.1 項，4.2 項，6.1 項と，この流れの中に，「顧客価値経営」の考え方を導入して，「事業の成功」を目的とした具体的な QMS の計画を明確にする．

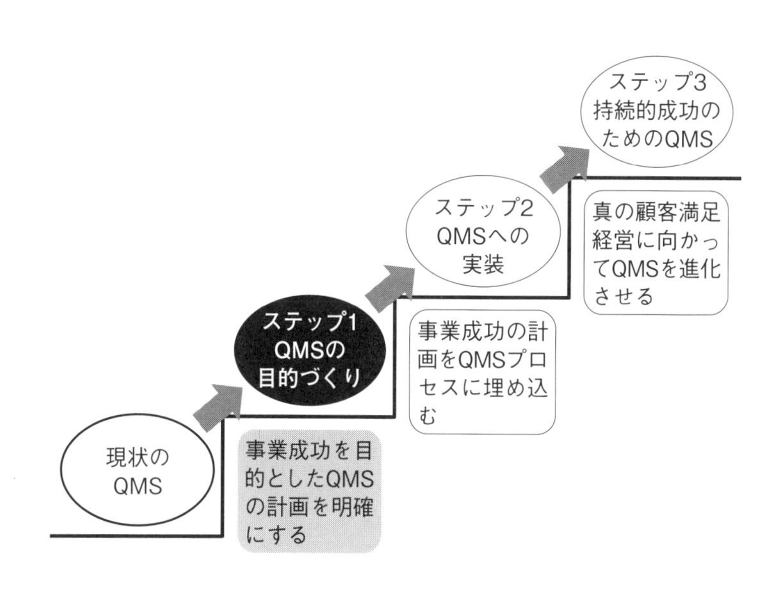

ステップ3
持続的成功のためのQMS
真の顧客満足経営に向かってQMSを進化させる
ステップ2
QMSへの実装
事業成功の計画をQMSプロセスに埋め込む
ステップ1
QMSの目的づくり
事業成功を目的としたQMSの計画を明確にする
現状のQMS

3.1 ISO 9001 規格 4.1 項，4.2 項，6.1 項の対応状況

ISO 9001：2015 規格は，4.1 項「組織及びその状況の理解」，4.2 項「利害関係者のニーズ及び期待の理解」，6.1 項「リスク及び機会への取組み」を新たに追加して，構築・運用する当該のマネジメントシステムが，組織を取り巻く事業環境や利害関係者の期待及びニーズにマッチするように配慮している．ISO 9001 に関するこの部分への組織の対応例を挙げると，以下のように規格への適合に汲々とし，その趣旨を活かし切っていないものが結構多い．

まず最も形骸化した例としては，外部及び内部の状況や，利害関係者の要求事項について，教科書や参考書に出ていることをそのまま転記して済ませている例である．自社の事業にはおおよそつながらない．そこに気がついた組織は，自社に関係のある項目を挙げるようにしていながらも，QMS へのつながりがない．これらは，当該組織の意欲の問題もあるかもしれないが，多くは規格の意味や，その項番間のつながり，流れを理解していないことからきている．

また，これまで設定していた品質目標に後付けでつなげようとしている組織もある．目標が的確なものである場合は，このような規格の流れとは逆のルートをたどっても，たまたまうまくいくこともあるかもしれないが，多くはそうはいかない．これなどは，要求事項に何とか適合させようという苦肉の策ともいえよう．

多くの中小企業は，社長の強いリーダーシップにより経営がされている．ISO 9001 規格の 2015 年版で追加要求していることは，規格でいわれなくても，社長がいつでも考えていて，そのことは，例えばISOの審査員が社長に聞けば，いくらでも話をしてくれる．そして，その話は，社長が毎日のように，さまざまな場面で，いろいろな表現でいい聞かせ，

社員は耳にタコができるほど聞いている．この“実態”をもって規格要求との適合を説明する．

多くの大手や中堅の企業では，経営スタッフが経営のビジョンや中期計画，年度の方針などを立案している．そして企業を取り巻く事業環境を分析し，その中に潜むリスクや機会を考慮して，会社の重点課題(とその取組み)を決めている．ISO 規格にいわれなくても，当然にやっていることである．その実態を説明し，関連する資料を示すことで，規格の要求事項をクリアさせていく．

上記の多くの例の共通点は，まずは実態を規格の要求事項に合わせて説明できるように努力した，ということであり，結局は，実際の業務プロセスは“何も変わらない”ということである．むろん，これまで実態と乖離した ISO システムを，負担感をもって運用していた組織にとっては，その乖離が解消することにより大いにその恩恵を与ったかもしれないが，どちらにしても，それだけで終わらせたくない．

3.2 ［ステップ 1］のねらいと手順

過日，QMS をしっかりと実施し，それなりの成果を得ている数名の中小企業経営者と屈託のない懇親会をしていた際に，「“マネジメント”って何だろう」という話になったことがある．ISO 9000 規格では，“組織を指揮し，管理するための調整された活動”としているが，議論する経営者たちは，そんな定義は頭にない．口角泡を飛ばした後に落ち着いた言葉は，「経営者の“思い”の実現」であった．筆者が少し補足して，「マネジメントとは，経営者の“思い”を実現する活動」とすれば，なかなかうがった結論かな，という思いである．この結論の是非はともかくとして，経営者の強い思いを埋め込んだシステムづくりは，おおかたよい結果をもたらすものである.

さて，そんなことを念頭に置きながら，ISO 9001規格の4.1項，4.2項(第１章1.2節で引用)と，その先につながる6.1項を改めてじっくりと見ていくと，まさに経営者の思いを埋め込むのにふさわしい枠組みといえよう.

［ステップ１］では，経営者の“思い”を，この規格の流れ(自社を取

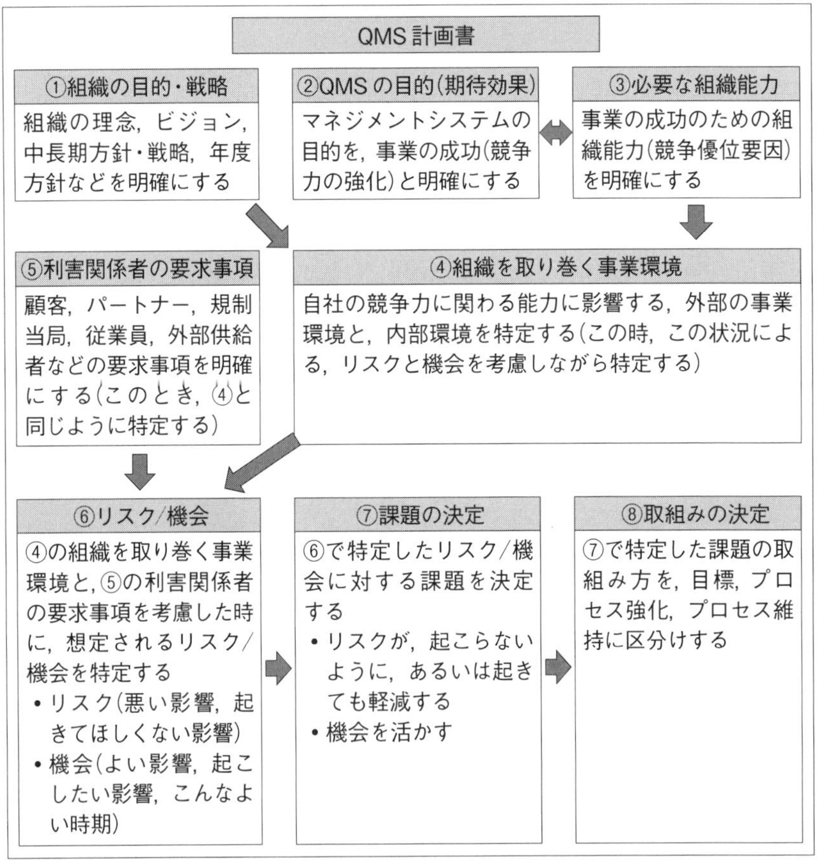

QMS計画書

①組織の目的・戦略
組織の理念，ビジョン，中長期方針・戦略，年度方針などを明確にする

②QMSの目的(期待効果)
マネジメントシステムの目的を，事業の成功(競争力の強化)と明確にする

③必要な組織能力
事業の成功のための組織能力(競争優位要因)を明確にする

④組織を取り巻く事業環境
自社の競争力に関わる能力に影響する，外部の事業環境と，内部環境を特定する(この時，この状況による，リスクと機会を考慮しながら特定する)

⑤利害関係者の要求事項
顧客，パートナー，規制当局，従業員，外部供給者などの要求事項を明確にする(このとき，④と同じように特定する)

⑥リスク/機会
④の組織を取り巻く事業環境と,⑤の利害関係者の要求事項を考慮した時に，想定されるリスク/機会を特定する
- リスク(悪い影響，起きてほしくない影響)
- 機会(よい影響，起こしたい影響，こんなよい時期)

⑦課題の決定
⑥で特定したリスク/機会に対する課題を決定する
- リスクが，起こらないように，あるいは起きても軽減する
- 機会を活かす

⑧取組みの決定
⑦で特定した課題の取組み方を，目標，プロセス強化，プロセス維持に区分けする

規格要求項番との関連：①②③④(4.1項)，⑤(4.2項)，⑥⑦⑧(6.1項)
⇨は規格要求の流れを示す

図3.1　「QMS計画書」の構成

り巻く事業環境の把握と，これを考慮したリスク/機会とその課題と取組みの決定)に沿って，ロジカルに可視化していく．経営者にとっては，まさに自分の思いが体系的に表現され，管理責任者やISO事務局にとっては，「これが私の考えていることだ，ISOをやっていてよかったね」と経営者を本気にさせるように“QMSの目的を具体的な姿に可視化していくこと”，これが［ステップ1］のねらいである．3.3節で述べる［ステップ1］の事例では，社長自らがこの作業を行った事例を紹介する．

［ステップ1］の8つの手順によって可視化された姿を本書では「QMS計画書」と呼び，その全体構成を**図3.1**に示す．ただし，出来上がりの形や体裁は，これにこだわらず，自社にあるものをベースにするとよい．

なお，図3.1には，規格要求事項の流れと，規格の各項番との関連も示しておいたので参考にされたい．

［ステップ1］は，このようなQMSの計画策定(目的づくり)を，以下の手順で進めていく．

手順1：自社の将来の姿や基本的な考え方・行動を明確にする
手順2：QMSの目的を明確にする
手順3：目的を実現する組織能力を特定する
手順4：自社を取り巻く事業環境(外部及び内部の状況)とリスク/機会を特定する
手順5：利害関係者の要求事項とリスク/機会を特定する
手順6：リスク/機会に対する課題を決定する
手順7：課題の取組み方を決める
手順8：QMS計画を可視化する

【手順1】　自社の将来の姿や基本的な考え方・行動を明確にする

「あなたの会社では，会社の将来の姿や，これを実現するための基本的な考え方・戦略などが明確になっていますか？」

ある中小企業では，社長はすでに高齢になっていて，その跡取りである息子は他社に勤務して，事業の承継には無関心であった．現社長の後は，この会社は一体誰が指揮を執って将来に向かうのか，従業員は不安でたまらず，地に足が着かず入れ替わりも激しかった．ところが，その息子が自社に就職して会社を引っ張っていくことが決まってからは，見違えるように働き方が変わり，生産性が上がり，経営成果に結びついていったという事例を経験したことがある．会社の将来が見えて，その実現のために何に依って行動するか，それは経営にとって一大事なのである．

経営パフォーマンスを高めようとするのだから，その経営の基本的な方向性が定まっていなければ，真のパフォーマンスを上げられない．

ビジョン，ミッション，社是，経営理念，行動指針，基本戦略，中期計画，方針など，いろいろな言葉がある．これらのすべてをつくらなければならないわけではない．会社がどの方向に向かおうとしているのか，そのための基本的な考え方や行動が何なのかを，経営者の魂のこもった言葉で明確にしておかないと，組織の力は散漫になってしまう．ここでは，次のことを意識して，自社に必要なものを明確にしておくとよいであろう．

① 経営の基本スタンス：ミッション，社是，経営理念，行動指針など

② 目指す方向：ビジョン(なりたい姿)，戦略(ビジョン達成のための最上位の方策)，中長期経営計画(戦略の展開，到達目標など)，年度方針(中長期経営計画の年度への展開)など

その中で特に重要なのが，経営者[4]の経営に対する考え方や姿勢である．事業の業績を上げていくのは経営者の責務であるが，これを達成す

4) 本書では，ISOシステムにおける経営者を指す．すなわち，事業所や事業部門の責任者も含む．

るためには“顧客重視”を基本とすることが重要である．すなわち，顧客に対して，顧客が望んでいる価値を提供し続けることが経営のねらいであり，その結果として売上や利益が維持・向上されていくことを深く認識し，その価値を提供できるように社内外の対応を行っていく姿勢でもある．

第 3 章 3.3 節(2)，第 4 章 4.4 節(2)の事例で紹介する TP 社では，創業以来ビジョンを明確にしてこなかったが，2010 年に“ビジョン経営”を導入することにより，リーマンショック後の不況を乗り越えて，10 年間で売上高をおよそ倍に上げる業績を収めている．

【手順 2】　QMS の目的を明確にする

「ISO 9001 の認証を取得し，そのマネジメントシステムを構築・運用する目的は明確になっていますか？」

これまでも ISO 9001 のマネジメントシステム(ISO 9001 QMS)を導入し，これを活用することで，成果を上げたたくさんの事例がある．例えば，作業環境の厳しい 3K 職場の廃棄物リサイクル工場が，そこで働く若い従業員たちのモチベーションを向上させた例や，他社との熾烈な競争環境に置かれている企業が，目標管理のツールとして活用して競争に勝っていった例など，挙げればいくらでもある．

これらの事例ですべて共通しているのは，経営者の強い思いを，ISO 9001 の目的として明確にして，その活動に“魂”を吹き込んでいることである．逆にいうと，経営者が無関心な ISO 9001 マネジメントシステムの導入で経営効果を上げている例をあまり見たことがない．このように，経営者の“思い”や“魂”を込めた目的を明確にすることが，ISO 9001 規格による QMS 構築や再構築の成否の鍵を握っているといえよう．

ISO 9001 を導入している経営者に，その目的を聞いてみると，まず第一に出てくるのが対外的なメリットであり，さらに，社内的には，PDCAを回す体質づくり，従業員の意識向上，管理体制の強化，などさまざまである．しかしながら，すべての経営者のいう目的の先にあるのは，自社(または，自事業所，自部門)の事業の繁栄であり継続である．自分の会社が成功するには，どんなことをやればよいのか，そのためにISO 9001をどう利用すればよいのかを，優秀な経営者や経営層はしっかりとつかんでいる．

「QMSを運用する目的は，自社の競争力を強化して，事業を成功させることである」ということを明確にしておくこと，そしてこれを組織のすべてに周知することが，構築または再構築の出発点にあたって肝心なことである．言葉にすれば一言であるが，極めて重要なので，あえて独立した手順とした．

なおここで定義しておくが，「事業の成功」とは，一発当てて大もうけをすることではなく，顧客に価値を提供し続けて事業を継続することである．この「顧客価値」は，次の［手順3］と，さらに深くは第5章の［手順2］でも説明をしているので，適宜参照されたい．

【手順3】　目的を実現する組織能力を特定する

「事業の成功の鍵となる自社の組織能力をわかっていますか？」

あえて改めて問いかけてみるが，どうであろうか．［手順2］で述べたように，ISO 9001 QMSの目的(意図する結果)は事業を成功させることであると考えると，「能力」とは，事業成功の鍵となる「自社の競争力となる能力(特に競争優位要因)」と捉えることになる．［ステップ1］では，これを軸にして，ISO 9001規格の4.1項，4.2項，6.1項で展開するQMSの計画を設定する．

この能力とは，お客様が当社の製品またはサービスを買い続けてくれるために，自社がもっていなければならない“組織の能力”であり，これが他社に優位であれば，それは「競争優位要因」でもある．これはわかっているようで，意外とそうでもないことが多い．

例えば，ただ単に自社のもつ「強み」や「今うまくいっている理由」が，そのまま自社の競争優位要因であると思い込んでいることも多く見かける．その強みを支えている根拠や，うまくいっている理由の根拠を，自社とこれを取り巻く事業構造やその様相の中で明らかにして，当該事業で成功するためにもつべき組織能力であるかどうかを見極めておくことが肝心である．

また，誤解をしていることが多いのが，競争優位要因について「人」がもつ能力とか固有技術に限定して理解していることである．あくまでも「組織」のもつ能力であることに留意する必要がある．したがって，製品実現のあらゆるプロセスの中にある管理能力なども組織の能力の可能性があり，QMSそのものを企画したり，評価したり，革新する能力などもその対象となる．競争優位につながる組織能力の考え方の例を，**図3.2**に示す．

もう一つの注意点は，その能力がただ“他社に勝っている”ということだけではなく，その能力を使って，顧客に対して，顧客が認める価値を提供できていることが肝心である．他社にはない優れた技術を保有しながらも，事業が成功しなかった例もずいぶんとある．この顧客が認める価値と能力の関係は，［ステップ3］の［手順2］，［手順3］ではさらに深く取り上げているので，適宜参照するとよい．

手順1〜3までの事例

これまでの手順1〜3の内容について，T社の具体例で補足説明をしよう．まずは，この後からも，本書の中で頻繁に登場するT社の概要を紹介する．

分類区分	該当するQMS要素	組織能力の具体的な例
固有技術・知識	• 商品設計・開発技術 • 生産技術 • 評価技術	• 小型化設計技術 • 多種多様な金融商品に対する高度な専門知識 • 高硬度材料Xの加工法 • 複雑形状の金型製造技術 • 高精度かつ高速度分析が可能な評価技術 • 不特定多数のユーザからコメント，レビュー内容などのビッグデータの体系的な分析及び評価技法
QMSの企画，有効性評価，革新	• 事業環境変化分析 • 事業シナリオの策定 • 品質方針，品質目標の展開 • QMSの有効性評価，事業におけるパフォーマンスの評価及びそのフィードバック	• 競合組織と比べて，業界動向情報の迅速な獲得 • 競争優位の獲得，維持及び向上が実現可能な事業シナリオの策定 • 実現可能な方策への確実な展開及び効果的な担当者の割付け • 個人単位での目標達成状況管理システム
製品・サービス実現プロセス	• 商品企画 • 設計 • 購買 • 生産 • 販売，アフターサービス	• 顧客へのアクセスの良さ，動向を迅速かつ的確にとらえる分析力 • 組立効率を追求した製品設計 • 宿泊者の(嗜)好を考慮した究極の“おもてなし”サービス内容の設計

出典）　JIS Q 9005：2014「品質マネジメントシステム―持続的成功の指針」附属書C　表C.1より抜粋(一部修整)

図3.2　競争優位につながる組織能力の例

T社は東京都内の下町でゴムパッキンなどの打ち抜き加工を専門として営む，従業員12名の町工場である．1948年に工業用ベルト販売商社として先代社長が現在地に開業し，その後，1980年頃になると，自動車部品メーカーからのゴム加工の注文が入るようになった．この時の顧客が，今は大手企業へと成長し，現在のT社のメインの取引先となっている．

2006年には，顧客の奨めに後押しされてISO 9001の認証を取得した．その後，小規模企業にとって苦手な文書による標準化や，責任権限の明確化，品質管理の基盤づくりなどで成果をあげてきたが，一方で，ISO の審査のための書類づくりなども残り，マンネリ化傾向になってきていた．そんなところに ISO 9001 規格が改正となり，ただこれに対応するだけでなく，これを機会としてさらに効果の高い QMS へ変身したいと考え，本書で紹介する事例のように取り組んだ．

なお，T 社の特徴は以下のとおりである．

- ゴムスポンジ業界の黎明期から事業に携わっていて，ゴムの経験・知識が深い
- 顧客(現在一部上場企業)との付き合いが長く，依存度も高い．小規模企業でありながら直取引である
- 原材料業者との付き合いも長く，つながりも深い．特定材料の使用量は業界ではトップシェアである
- 元々は販売店であったことからも「商人魂」を事業活動の源としている
- 低コストで柔軟な労働力の確保のために近隣の家内労働力(内職)を活用している

T 社の社長は，自社の目的や方向性を改めて明確にし，ISO 9001：2015 で再構築する QMS の目的を，「自社の競争力を維持・強化することにより，事業を継続すること」と明確に決めた．そして，この目的を達成するための鍵となる当社の競争力を分析した結果，3 つの組織能力と，その具体的な内容を特定した(この内容は，前後するが，次の手順 4 の中で説明している．さらに詳細な特定方法については，［ステップ 3］の［手順 3］でも説明しているので，参照されるとよい)．

これら［手順 1］～［手順 3］を整理してまとめたものが，**表 3.1** である．

表3.1　T社の［手順1］～［手順3］までの事例

会社の目的・方向性	QMSに期待する成果	左記の成果を達成する組織能力
① 安定的な成長と経営を目指す ② コアコンピタンスを守り，新規事業の種を撒き，経営計画に基づいて着実に事業を成長させていく ③ 属人化した会社にはせず，会社の組織力の育成・強化を望む ④ “商人魂”を大事にして，“お客様のお抱え町工場”を目指す 【当社の中期計画】 （省略）	• QMSの運用により，当社の「競争力を維持・強化」して，左記のねらいの経営を達成し，「事業を継続」することが，QMSに期待する成果である	① 多量の注文を，顧客要求どおり安定的に供給する生産管理能力（小回りを利かせながら楽にこなす） ② 顧客の困りごとを，真摯に自社の課題として受け取り，それを解決できる能力 ③ 社外へ不良を一個でも流出させない，厳しい品質要求をクリアする能力 ＊これらの能力は，さらに具体的に展開してある（省略）

【手順4】 自社を取り巻く事業環境（外部及び内部の状況）とリスク／機会を特定する

自社の成功の鍵となる組織能力を明確にすると，次は，自社を取り巻く事業環境と，これに伴うリスク／機会を特定する．ここで重要なのは，［手順3］で特定した組織能力を軸にして，これに脅威を与えたり（リスク），追い風（機会）となったりするような外部及び内部の事業環境を考えることである．これによって，ISO 9001は一気に経営に役立つISO 9001に近づいてくる．

ISO 9001規格の4.1項では「組織の能力に影響を与える，外部及び内部の課題を明確に」し，6.1.1項では「4.1に規定する課題…〈中略〉を考慮し，…〈中略〉取り組む必要があるリスク及び機会を決定し」，そして，6.1.2 項では，これによって決定した「リスク及び機会への取組み」を計画することを規定している．

この一連のことは，規格では飛び離れて記述されていてわかりにくいが，1 つの流れとしてつながりをもって理解し，時には“行ったり来たりしながら”計画していくのが自然であるし，より的確にできる．自社に影響を与える外部及び内部の状況，すなわち自社を取り巻く事業環境を考えるときには，その状況の与える影響(すなわちリスク/機会)を考え，同時に何をしなければいけないのか(課題は何か)も考えているはずであり，そのほうが効率もよい．

ここで，外部及び内部の状況を確認するときは，**表 3.2** のような点に着眼し，(　)内の事柄について特に着眼するとよい．

自社の競争力と，これに影響を与える外部及び内部の状況を特定していく方法について，前述の T 社の事例で続けて説明する．

T 社の競争力の一つに，「多量の注文を，顧客要求どおり安定的に供

表 3.2　外部及び内部の状況を確認するときの着眼点

①　自社(従業員の年齢・能力，組織文化，技術力，マネジメント力，ノウハウの蓄積状況など)
②　顧客，市場(要求・ニーズの構造，使用・環境条件，顧客の知識，購買行動など，またその変化)
③　競合他社(戦略の変化，合併・提携，他業種や海外からの参入可能性など)
④　パートナー，供給者(自社との取引割合や方法の変化，上流合併戦略，競合他社との連携．提携状況，供給者間の競争など)
⑤　技術(要素技術開発のスピードや動向，他の類似の具現化技術の開発状況，適用の動向など)
⑥　周辺環境要因(人口動態，政策，基盤技術，社会情勢，文化価値観など)

給する能力」がある．一言でいうと「生産管理能力」であるが，これをもう少し具体的にいうと，「顧客から１カ月分の注文を一括して受注したとき，自前の PC ソフトを使ってきめ細かな生産計画を立案して，これを近隣の家内労働力を活用して納期を守る生産管理能力」である．このように具体的にすると，表 3.2 の外部及び内部の状況を捉える着眼点は，以下のように，ぐっと考えやすくなってくる．

外部の状況に目を向けると，現在は，顧客からは基本的には１カ月単位の注文がドンとまとめてきて，国内の工場の生産に合わせてきめ細かく納期を設定し，納入しているが，供給先が海外工場に変わったときには，この能力は一気に無用となり，競争力を失って受注減につながる．また，近隣の家内労働者(内職者)である主婦のライフスタイルや意識が変わってしまったときには，生産の柔軟性やコストメリットが失われてしまい，会社の利益を圧迫する．

社内(内部の状況)に目を向けると，PC ソフトを改善できる人は社長しかいない．社長が長期不在時にトラブルが起きると，生産計画が混乱して，顧客の信用を失墜して発注先を他社に変えられてしまうかもしれない．

一方で，今，Web での引き合いが増えてきている．これは，同業者の廃業により，これに代替する需要が増加しているからである．その中で，当社の前述の競争力を活かせる受注ができれば，今後の当社の成長につなげられる“機会”がある．

こんな風にして，T 社を取り巻く外部及び内部の事業環境と，これらが T 社の競争力となっている能力へ与える影響(リスク/機会)を考えてまとめたものが**表 3.3** である．ただし，これはここで取り上げた「生産管理能力」に対するものであり，同様にして他の能力についても同じように考え，特定していく．

このように，自社の競争力となる能力を中心に据えて，自社を取り巻

表3.3　T社の外部及び内部の状況とリスク/機会の例

競争力となる能力	外部及び内部の状況	リスク/機会
①　多量の注文を，顧客要求どおり安定的に供給する生産管理能力(顧客から1カ月分の注文を一括して受注したときの，自前のPCソフトを使ってきめ細かな生産計画を立案して，これを近隣の家内労働力を活用して納期を守る生産管理能力)	①-1　顧客供給先の国内から海外への移転 ①-2　コンピュータシステムは社長しかわからない，メンテできない ①-3　近隣の家内労働者のライフスタイルや価値観の変化	①-1　当社の現在の生産管理システムの優位性がなくなってしまう ①-2　コンピュータシステムの不意のダウンによる生産ラインの混乱 ①-3　労働力の確保難により，生産の柔軟性やコストメリットの喪失
②　顧客の困りごとを解決できる能力	②-1　同業者の後継者不足による廃業	②-1　新たな受注増につながる(機会)

く事業環境(外部及び内部の状況)と，この影響(リスク/機会)の両方をにらみ合わせながら特定していくと，俄然，具体的なものとなり，的確なリスク/機会が特定できるようになる．

【手順5】　利害関係者の要求事項とリスク/機会を特定する

［手順4］の方法によるリスク/機会特定で懸念されることの一つに，「その事業における競争優位要因にはなっていないが，それが劣っていると，他社に大きな差を付けられてしまうような能力に対するリスクはどうするのか」という心配がある．しかしながら，これは，利害関係者の要求事項に関するリスクとして，当然挙がってくるものである．

例えば，ある自動車部品製造会社は，その利害関係者である顧客から，「重要保安部品の不良は絶対納入しないこと」という要求事項を受けているが，この要求は，自社はもちろんのこと，他の競合会社でも当然満足させていて，競争優位要因というよりは生き残るための必要条件といえた．しかしながら，一旦この不良を発生させてしまえば，顧客からの信用は失墜し，会社の存続にも甚大な影響を与えてしまう．これをリスクとしてとらえ，その防止対策としての取組みを決めていく．

前出のT社の例で説明しよう．T社の最大の利害関係者である“顧客”の要求事項には，まさに前述の「重要保安部品の不良を出さない」ことがあり，これが満たされないときには，その信用失墜とコスト負担で当社は倒産につながりかねないリスクがある．また，T社の扱うゴム製品には“におい”という副産物があり，これがあまりにひどいと，身近な利害関係者である従業員の退社リスクがあり，近隣住民からの苦情が極端になると，当地での操業もままならない事態も引き起こしかねない．

次に，マイナス面だけではなく，プラス面ではどうだろうか．T社では，東京都や区からの支援を積極的に受けており，ここに登録する専門家との連携や支援を活用して，仕上げ工程や検査の自動化を推進することで，品質の安定化を図り，生産能力を一気に上げてコスト競争力を高められるという機会もある．

一般には，対象となる利害関係者としては，「顧客，外部供給業者，協力会社，親会社，従業員，株主，業界団体，近隣住民，役所，公的支援機関，社会」など多数ある．ただし，ここではそのすべての関係者の詳細な要求事項をもれなく挙げるのではなく，提供する製品・サービスや，これを提供する組織能力に関連して，自社の事業経営に大きな影響を及ぼすリスク/機会を選ぶように留意するとよい．したがって，その内容は，要求を代表するような比較的大きなくくりで表現されたり，特に強く要求をするようなものになることが多い．

T社で特定した利害関係者と要求事項，及びそこからつながるリスク/機会の例を**表3.4**に示す．

表3.4　T社の利害関係者の要求事項とリスク/機会の例

利害関係者の要求事項	リスク/機会
顧客 • 重要保安部品の不良を出さない • ラインを停止させない	• リコールにつながるような不良を出すと，損害賠償で倒産してしまう(リスク) • 生産ラインを停めるような，不良品の流出や，納期遅延をすると，損害賠償で利益を圧迫する(リスク)
従業員 • 気持ちよく働きやすい職場 • 適正な給与	• 信頼関係を喪失することにより，従業員退社が発生し，正常な操業ができなくなる(リスク)
役所，公的支援機関 • 当社の事業継続，地域の繁栄	• 公的支援機関との連携を強め，登録している専門家を活用することにより，品質の安定化を図り，生産能力を一気に上げてコスト競争力を高められる(機会)

【手順6】　リスク/機会に対する課題を決定する

自社を取り巻く事業環境と，利害関係者の要求事項と，そして，これらに関連する自社の抱えるリスク/機会との関係がわかったならば，自社の事業の成功のためにやらなければならないこと(課題)が見えてくるはずである.

本章の冒頭で述べたように，ISO 9001規格の冒頭の要求である「自社を取り巻く外部/内部の状況をしっかりと把握して，自社のもつ課題を明確にせよ」ということは，経営管理の基本中の基本である．そしてこの“課題”を決める方法にはいろいろあるが，本書で述べる方法は，「顧客に認められる価値を提供するための組織能力(特に競争優位要因)を軸として，そのリスク/機会を特定することで，この課題がより鮮明に浮き彫りになるようにする」ことに特徴がある.

前述のT社の例では，表3.3で挙げた外部及び内部の状況に関わるリスク/機会に対する課題については，**表3.5**のように決定した.

表3.5 T社の外部及び内部の状況に関わるリスク/機会とその課題

リスク/機会	T社の課題
①-1 供給先の国内工場が海外工場に変わったときには，この能力は一気に無力化して，受注減につながる	• 顧客との綿密なコミュニケーションの継続 • 自動車以外の新規業界への進出 • 新規顧客の開拓
①-2 コンピュータソフトを改善できる人は社長しかいない．社長が長期不在時に，トラブルが起きたときは，生産計画が混乱して，顧客の信用を失墜して他社に変えられてしまう	• コンピュータ専門家の確保 • 情報機器トラブル発生時の対応手順の明確化
①-3 近隣の家内労働者である主婦のライフスタイルや意識が変わってしまった時には，生産の柔軟性やコストメリットが失われてしまい，会社の利益を圧迫する	• 近隣家内労働者との密なコミュニケーション • 仕上げ工程の自動化(省人化)推進
②-1 Webでの引き合いが増えてきている．これは，同業者の廃業により，これに代替する需要が増加しているからである．その中に，当社の競争優位要因が活きる受注は，今後の当社の成長につなげられる	• 既存分野での新規顧客の開拓 • 自動車以外の業界での新規顧客の開拓

また，表3.4で挙げた利害関係者の要求事項に関わるリスク/機会への課題については，**表3.6**のように決定した．なお，当然のことながら，リスク/機会で挙げた課題と同じものが上がってくる場合もある．

【手順7】 課題の取組み方を決める

次に，前の［手順6］で決定した課題の取組み方を決める．これは，日本のTQM(総合的品質管理)で確立した管理の手法として，方針管理

表 3.6　T 社の利害関係者の要求事項に関わるリスク/機会とその課題

リスク/機会	T 社の課題
• リコールにつながるような不良を出すと，損害賠償で倒産してしまう（リスク） • 顧客の生産ラインを停めるような，不良品の流出や，納期遅延をすると，損害賠償で利益を圧迫する（リスク）	• 確実な製造工程管理の実施（特に，標準の遵守） • 予備型管理の強化 • 進捗状況の確実な把握とタイムリーな対応
• 信頼関係を喪失することにより，従業員退社が発生し，正常な操業ができなくなる（リスク）	• 改善活動の奨励 • 作業環境の改善（定時退社の徹底） • 省力化の推進
• 連携を強め，活用することにより，品質の安定化を図り，生産能力を一気に上げてコスト競争力を高められる（機会）	• 仕上げ工程の自動化推進 • 検査の自動化の推進

と日常管理があるので，この 2 つの方法を意識して決めるとよい．

日常管理とは，それぞれの部門で日常的に実施すべき業務について，すべての活動のしくみと実施に関わる管理のことである．その基本は，業務目的の明確化，業務プロセスの定義，業務結果の確認と適切なフィードバック，標準化を基盤とし，PDCA を日常的に回すことにある．

方針管理とは，環境の変化への対応，自社のビジョン達成のために，通常の管理体制（日常管理のしくみ）で満足に実施することが難しいような全社的な重要課題を，組織を挙げてベクトルをあわせて確実に解決していくための管理の方法論である．具体的には，自社の重点課題・目標とこれを達成する方策を設定し，これを部門・部署にブレークダウンして管理する．

この［ステップ 1］で説明している ISO 9001：2015 規格の 4.1 項，4.2

項，6.1 項の流れについては，大手・中堅の割と多くの組織は，既存の方針管理(目標管理)のしくみの中に溶け込ませている．すると必然的に，ここで決められた課題は，当該組織の重点課題・目標につなげていくことが多い．これは，ISO 9001 規格の主旨の一つでもある「事業プロセスとの一体化」につながる仕掛けとして評価される方法であろう．

しかしながら，現実には，その取組みは既存のマネジメントシステムの中の日常管理(維持管理)として実施する事項もあってよいし，むしろそれが自然であろう．そこで，決めた課題の取組み方を，方針管理か日常管理のいずれの管理手法を適用して進めていくのかを分けて活動につなげると，管理のレベルがもう１段上がり，パフォーマンスの向上が期待できるようになる．

これは，体系的な方針管理のしくみをもたないような中小企業においては，なおさらいえることであろう．ISO の導入により 6.2 項を適用した目標管理を始めた組織では，この２つの活動を認識せずに運用しているのをよく見かける．方針管理(目標管理)と日常管理(維持管理)という２つの PDCA サイクルの違いを使い分けて効率的な管理を進めていく機会でもあろう．

さて，この２つの取組みの分け方であるが，基本的には，この［手順7］の冒頭で説明した，方針管理と日常管理の違いで分ければよいのであるが，本書では，その課題への取組み方を考えることで簡易的に分けていく．その基準を**図 3.3** に示す．

すなわち，その取組みが，しくみの大幅な変更や新しい活動を必要とするような，比較的長期にわたる計画が必要なものは方針管理で取り組んでいく．基本的には現状のしくみの運用でよいが，その管理を確実に行う必要のあるものは日常管理で取り組む．その中間で，しくみは現状でよいが，その管理方法を強化する必要のあるものは，すぐにこれを決めて変更して，日常管理の対象として運用するが，比較的時間が掛かり

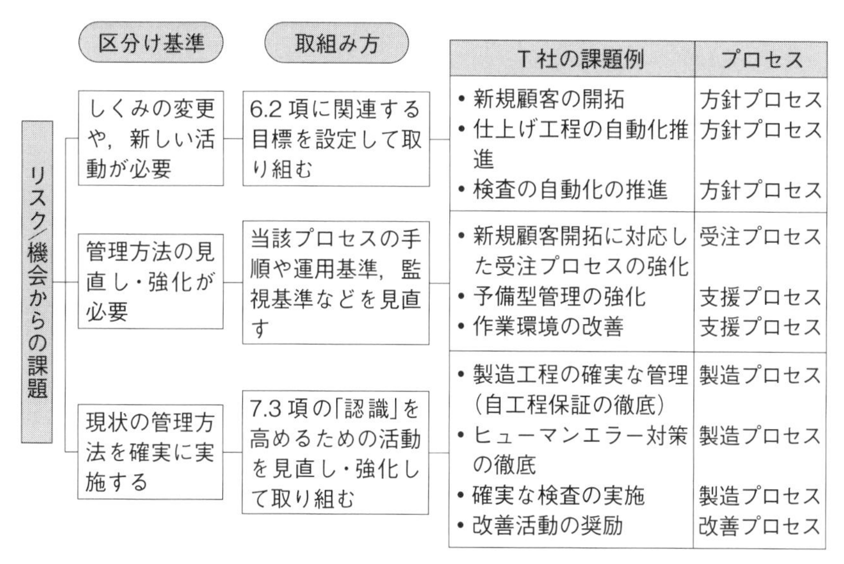

図 3.3　取組み方の区分け基準と T 社の適用例

そう，あるいは，関係者の調整や十分な教育とそのフォローアップが必要なものは，その到達した姿を目標として設定して，目標管理の対象として取り組むようにする．

この基準に沿った分け方について，先の T 社の例で説明する．

T 社の決めた課題の中には，「新規顧客の開拓」があった．これについては，現在の活動の延長では不足であり，新たな方策を決めて，目標を明確にして取り組む必要がある．また，製造工程では，抜き型の管理が急所となっており，特にこれの品質の安定化と予備品の管理の強化が必要となることがわかっていたので，この運用の基準を見直して対応する必要が出てきた．また，製造工程全般では，当然のことではあるが QC 工程表やこれに引用する作業標準類遵守のさらなる徹底を行うことが重要ということが改めて認識され，作業者への認識教育を徹底することとなった．

このような要領で分けていくと，図 3.3 の右側のような結果となった．

さらにこれらの取組みを，自社のどのプロセスに埋め込むかもここに明記した(ただし，この作業は，[ステップ 2] の [手順 1] を終えた後に行う).

さて，T 社では，実はこの区分けはすんなりと簡単にできたわけでもない．特に，日常管理に区分けした製造工程の管理に関しては，重点を定めて方針管理を適用していくことも検討された．しかしながら，その活動にかけられる人的なリソースとその影響/効果を考慮すると，自動化推進に集中したほうがよいと判断された．

このことは，日常管理と方針管理の関係を理解するのに重要なことでもある．そもそも方針管理に必要なリソースは，一般的には，日常管理体制に負うことになる．したがって，通常費やしている日常管理のための管理体制，工数，財源の一部を方針管理のために使うことになり，各部門においては，両方の目標達成を担うことになる．部門において，この 2 つが共存するために，この現実を見据えたトップマネジメントや管理者の的確な判断が必要であり，それが重要な点でもある．

なお，方針管理を適用させると決めたものは，規格 6.2 項「品質目標及びそれを達成するための計画策定」で決める手順でその取組みをする．したがって，その計画は，6.2.2 項で決めてある手順で計画したものとなり，この計画に沿って取り組んでいくことになる．

また，日常管理を適用させるものは，決めた課題に該当するプロセスで決めてある手順で取り組むことになる．したがって，その計画は，例えば品質マニュアル，規定，プロセスフロー図，各種手順書などにより組織で取り決めてあることとなる．ただし，本書では，この日常管理を適用させる取組みを，[ステップ 2] の [手順 4] によって，そのリスク/機会に対応して，積極的に QMS プロセスに組み込む(統合する)ようになっている．

【手順 8】　QMS 計画を可視化する

さて，以上の［手順 1］～［手順 7］のことが明確にされていると，ISO 9001 規格が要求する 4.1 項，4.2 項と 6.1 項の枠組みを利用して，自社の事業がこれからも成功していくための課題とその背景が明らかになったといえる．

そしてこれは，組織全体にわたって共有化するためにも重要な役割を果たす．事業環境は時々刻々と変化している．これをレビューし，新たな取組みを決めるのにも，現状の計画が明確になっていると，変化をより鮮明に認識でき，的確に対応できるようになる．したがって，この内容は，全体を俯瞰するように可視化しておくとよい．

この一連の作業で特定，または決定した結果を可視化したものを，本書では「QMS 計画書」と呼ぶ．T 社の QMS 計画書(一部)を**図 3.4** に

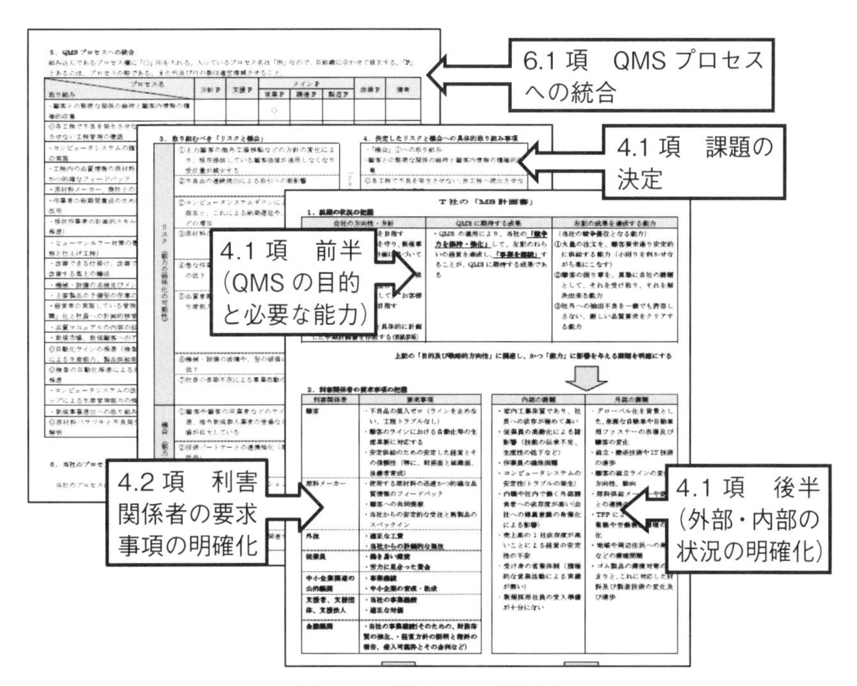

図 3.4　T 社の QMS 計画書

示す．内容的には，［ステップ1］の中で引用している，表3.2，表3.3，表3.4，表3.5，表3.6及び図3.3(右側)のそれぞれの表を，そのつながりがわかるようにして，一覧表化したものである．A4用紙で3枚程度にまとめられている．なお，この図3.4には，参考のために，規格項番との関係もわかるように示してある．

でき上がった全貌を見ると，いかにも大変そうであるが，順序よく自社の状況をたどっていくと，意外と短期間(だいたい2～3日)で，一応の完成にこぎ着けられる．たいていの経営者はこれができると，自分の“思い”が整理されて，具体的に可視化されるので，従業員との共有化にも役立ち，あるいは，自身で自社の状況を冷静に見ることができて，その意義の高さを認めている．

もちろん，この「QMS計画書」の体裁は，上記で紹介しているものに限らない．むしろ，自社にすでにこのようなものが可視化されているのであれば，これを利用して作成することを推奨する．ただし，ある程度の検索性やつながりのわかりやすさが確保されている必要がある．

事例として，広告代理店が，この様式にこだわらずに既存の文書を利用して作成した例を，3.3節の(2)TP社の事例の中で紹介する．

3.3 ［ステップ1］の事例

(1) N社の事例 ―経営者の“思い”を乗せて組織の活性化を目指す―

N社は，東京・銀座に本社を置く，主に食品関連設備の製造及び施工を行う企業である．昭和22年(1947年)，当地に施工を主業務として設立した後，近県に製造工場を新設し，営業拠点も，大阪，九州などに拡大し，さらに米国にも関連会社を設立するなどして，現在は，従業員約100 名の中堅企業へと発展してきた．

現在の社長は，創業社長の直系の 3 代目である．これまでの N 社は，創業以来の長年のお付き合いの中で築きあげられたお客様との強い信頼関係と，70 年の社歴の中で培われた技術に支えられて，順調に経営してきている．したがって，これまでは ISO 9001 などの認証取得の必要性もなかったが，社長は，会社のさらなる発展のために，ISO 9001 とこれに続く ISO 14001 の導入，さらにはこの統合効果によって組織の活性化を図ることを目的として取り組むことを決意した．2013 年に導入を開始し，翌 2014 年に ISO 9001 の認証を取得し，2016 年には ISO 14001：2015 の認証を取得し，このときに品質と環境の統合マネジメントシステムを確立した．むろんこのときに新規格へ移行した．

社長が，特に ISO マネジメントシステム導入に期待したのは，これまでも N 社の方針の一つとして実行してきた“ひとりワンプロジェクト”の強化による事業の活性化であった．

“ひとりワンプロジェクト”とは，施工現場の責任者となる現場代理人の力量を重視し，現場の施工管理はもちろんのこと，お客様との接点となってすばやい顧客ニーズの収集や，請け負った工事の設計業務，調達業務などにも精通して自ら実施することで，お客様に高い満足(価値)を提供していこうというやり方である．

社長は，ISO 9001 規格の 2015 年版への移行対応と，ISO 14001：2015 の EMS 構築，及びその統合したマネジメントシステムの移行に当たり，コンサルタント(筆者)より「MS 計画書」(環境も含んでいるために QMS とせず MS としている)の内容とその作成方法の説明を聞き，スタッフに頼まずに自分で作成しようと決意した．これは，このシステム構築の出発点となる重要な決定であり，ここは特にリーダーシップを発揮しなければいけないところと判断したからである．

表3.7は，そんな社長の思いとともに完成したN社の「MS計画書」の最初の1ページ目である．これを見ると，トップマネジメントとしての，N社の方針を含む基本的な方向性や考え方，“ひとりワンプロジェクト”に対する思い，そしてそれぞれの人々に期待する思いなどがよく感じられる．なお，このようにして［ステップ1］の手順に沿って作成した「MS計画書」には，環境に関連する重要な事項はすでに自然と埋め込まれていたが，さらにISO 14001の箇条4で独自に規定する内容は，これに少し補足していくことで完全に統合することができた．

これらの内容が明確になると，ここで特定した当社の重要な能力に影響してしまうような，自社の外部や内部の状況と，利害関係者の要求事項を**表3.8**に特定した．社長が経営視点から日頃感じていることが，ほとんど余さず挙げられた．さらに，これらの外部及び内部の状況や利害関係者の要求事項を考慮して挙げられたリスク/機会と，その取組みを決定した(リスク/機会の特定については，本書では省略)．この中では，例えば，環境に関連した利害関係者として，法規制当局の要求事項とそのリスクのことなども挙げられている．

社長自らによるここまでの作業で，30項目に及ぶ「取組み事項」(当時は「課題」といわずに「取組み」としていたので，そのままの用語で説明する)が決定された．次は，ISO事務局スタッフにより，これらの「取組み事項」を埋め込むべき自社のプロセスを決めて，「プロセス統合表」(**表3.9**)を作成した．ここでは，規格の6.2項による目標を設定して取り組んでいく事項については，方針管理プロセスの欄にも○印を付けている．また，このようにトップ自ら決定した取組み事項の内容を見ると，かなり詳細になっており，このままそのプロセスの運用基準または監視基準になるものもかなり含んでいる．こんなところからも，トップのQMSに対するコミット(高い関心や深い関与)の様子もうかがえる．

また，これらの過程で作成された資料は，N社の経営会議で説明され，

表3.7　N社のMS計画書①

1. 組織の状況の把握

組織の目的及び戦略的方向性	MSに期待する成果	左記の成果を達成する能力
信条 三方よし：売り手よし，買い手よし，世間よし 企業理念 企業は永遠なり ミッション 生きた技術を未来へつなぐ 基本戦略 “ひとりワンプロジェクト”の技術者集団として，お客様に寄り添い，お客様に密着しながら，お客様と共にお客様の生産ラインを開発することを生業とし，基本的な戦略とする. 〈中略〉 (環境関連) 基本戦略 省エネルギー，省資源を考慮した設計，製造方法，施工方法の改善に常に取り組み，実現を目指す.	ISOマネジメントシステムを構築し，運用することの究極の目的は， 当社の事業を継続・発展させる ことである. そのために，以下のことを実現できるようにISOを最大限に利用する. ① 当社の基本戦略である“ひとりワンプロジェクト”の技術者集団が，常に効果的に機能するように，維持・強化する. 〈中略〉 (環境関連) ② 地球環境への取組みで環境企業への仲間入り. ③ ムダの削除により利益への貢献.	① すべての技術者における，当社の「信条」，並びに「企業理念」，「ミッション」を十分に理解した上で，お客様とのコミュニケーションと日々の仕事を通じて，自ら学び成長する能力. ② 施工部門においては，部課長，主任といった管理職が部下を技術者，そして監理技術者として育成する能力. ③ 製造部門の技術者においては，製造にかかわる技術的な能力のほかに，工程作成能力とコスト管理能力. 〈以下省略〉 ＊なお，この時点では，ここで挙げている能力は「人」の能力のみになっているが，その後「組織」能力に展開している(［ステップ3］参照)

表3.8　N社のMS計画書②

2. 内部及び外部の状況

内部の状況	外部の状況
パフォーマンスの達成状況 ① 営業利益は達成した. ② 受動的な営業活動による売上は順調であるが，能動的な受注が活発でない. ③ 事業計画の未達成に対する認識の甘さ. ④ 同じクレームや繰り返しの事故の再発が減らない. 従業員の状況 ① 時間外労働の管理ができていない(管理者). ② “ひとりワンプロジェクト”のパフォーマンスに部署間の温度差がある. ③ 管理者の法律的な判断が弱い.	顧客 ① ホールディングス化による意思決定のスピード化と投資情報の機密化. ② 環境や新興国における労働環境に対するCSR，コンプライアンス意識の高揚. 〈中略〉 市場(食品，容器) ① 食品業界は少子化による市場の縮小傾向. ② 食品関連生産基地のグローバル化. 〈中略〉 競合他社 ① 人手不足. ② 棲み分けのボーダーレス化(他業種組織の参入).

3. 利害関係者の要求事項の把握

＊利害関係者は，MSに密接に関連する利害関係者を選ぶ

利害関係者	要求事項
顧客	• 安全な食品が作れる(設備や施工原因による事故を起こさないこと). • 顧客の設備導入や更新の全体スケジュールを守り，機会損失を与えない. • 導入した設備で，品質のトラブルなどで製造工程を混乱させない. • 低いイニシャルコスト，低いランニングコスト(省エネ，不良率の低減)を実現する提案をする. • 設備の稼働，保全，あるいは廃棄などで，環境負荷の少ない設備とサービスの提供.
従業員	• “ひとりワンプロジェクト”の責任・権限とやりがいのある仕事. • 開発技術者として自己実現できる業務環境.

表3.9 N社のリスク/機会への取組みのプロセスへの統合(「プロセス統合表」)

リスク/機会への取組み事項 ＼ プロセス名		支援プロセス		メインプロセス					改善プロセス
		方針管理	資源管理	設計	受注	手配	施工保守	製造	
①	CS(顧客満足)向上のためのアンケートの実施と，その結果に対するフォローアップを確実に行う	○			○				○
②	品質行動指針に従い，お客様の生産現場に足しげく通う	○			○		○		
③	評価表の作成と計画的な教育(講習会，研修への参加)，並びに資格取得支援		○						
④	休日出勤，残業に関する管理表の作成による管理		○						
⑤	取引開始時及び定期的な信用調査の確実な実施					○			
⑥	協力業者の代表者，職長，その他の従業員の話を聞き，会社の状況に応じて目を配る．噂や異常な事態はすぐに上司を通じて管理本部へ連絡する					○	○		
⑦	実行予算作成時に行われるチェックリストによる環境各種法律の確認					○	○		
⑧	各種法律の確実な順守			○	○	○	○	○	
⑨	IT(イントラネットの回覧)を利用した法改訂などの情報の共有化		○						
⑩		○							

それぞれの拠点の責任者はこれを理解し，持ち帰った．それぞれの拠点や部門では，これらの資料の中で自分たちの業務に関連する重要な部分をマーキングして掲示され，朝礼ではその説明をするなどして，徹底されるようにした．

このようにして，社長がISOの導入の当初から目的としていた“ひとりワンプロジェクト”の強化による事業の活性化への思いは，ISOマネジメントシステムの中で具現化して展開されるようになったのである．

この後の，「取組み事項のプロセスへの埋め込み」の展開については，［ステップ2］の事例へと続く．また，「競争優位の視点から特定した当社の組織能力の特定」とその展開については，［ステップ3］の本文中で紹介する．

【ISOマネジメントシステム(再)構築後の状況】

N社では，2016年に2015年版のISO 9001とISO 14001の統合マネジメントシステム(以下MS)を再構築してから，約4年を経過しているが，その後も堅調に経営を継続している．

社長が，MSの中で主要なマネジメントレビューと位置づけた「経営会議」では，これまでの経営指標の達成状況(この中には品質及び環境目標も当然含む)の報告・検討とともに，顧客や競合組織，その他の利害関係者，市場，業界などの状況報告による事業環境の“変化”の確認も行っている．また，顧客からの苦情や，施工中の不具合情報などが報告され，この修正及び再発防止の対策状況も完了するまでフォローされて，改善が実施される風土が定着してきている．

このMSによる改善の対象は，当然ながら，製品サービスの不具合や環境不適合だけでなく，さらに経営全般に広がっている．例えば，大型物件の実行予算からの逸脱というような好ましくないことが起きた時には，社長はこのしくみのどこが悪かったのかを分析するように指示をし，その結果として，施工プロセスにおける監視基準の甘さや，過去の実績データの活用不足などに起因するとして，管理者の現場への訪問・監視の方法や，過去の知識の活用に関する運用手順を改善させた．

最近，社長はこれまでの「経営会議」の名称を「ISO 推進会議」と改めた．ISO で再構築した MS と経営の一体化の効果を期待してのことであり，この統合マネジメントシステムを経営管理の一つの道具として活用していくことの社長の覚悟の程がうかがえる．

(2) TP 社の事例 ―既存の経営管理システムの強化につなげる―

TP 社は神奈川県川崎市にある，社員約 50 名の広告代理店である．現在の社長が 1997 年に新聞折り込み事業を開始してから，この業界で約 20 年の実績をもつ企業である．現在の事業内容は，折込みチラシなどの制作・印刷・配布，ホームページの企画・制作などを手広く行っている．

ISO については，2006 年に ISO 14001 の認証を取得していて，ISO 9001 については，2018 年から構築・運用を開始し，同年の 12 月に初回審査を終えた．

ISO 14001 導入の目的は，環境配慮企業への仲間入りによる企業イメージアップ，官公庁への入札条件への対応による売上増加などであり，社内目的としては，社内の管理体制の整備・推進などの効果を期待した．

ISO 14001 導入後の 10 余年の運用を経て，TP 社が見出したのは「経営方針と環境貢献の両立」という方向性であった．ISO 14001 規格で規定する「影響を及ぼすことができる環境側面」，すなわち，環境へ間接的に影響を及ぼす活動の積極的採用により，人的コストの削減や，業務の効率化などの経営成果へとつなげてきた．また，数値化した明確な目標の達成活動を実施するにつれて，社内の業務フローの改善の必要性も認識するようになってきた．

そのような中で，社内から自然発生的に話題となってきたのが「お客様満足」，すなわち，お客様の「広告の成果・効率向上」という取組みであった．これが，ISO 14001 で培った社内の文化，体制，考え方，管理手法をさらに進化させた当社の究極の活動ではないかという考えに至ったのである．

そうした際に，社長が，折しも読んだのが『進化する品質経営』(日科技連出版社)であった．この書により，真の品質経営とは，「顧客価値([ステップ 3] で説明)を顧客に提供し続けることで事業を成功させるための活動」であると理解した．そして，広告代理店の仕事は，“お客様の商売が繁盛する”という価値を提供することであり，このための活動を進めるための規格が ISO 9001 であると，積極的な理解をしたのである．

したがって，ISO 9001 導入の目的は「顧客価値を提供して事業が成功すること」であり，そのための能力は，TP 社の強みとしている「機動力」，「対応力」，「提案力」である，と本書で推奨しているやり方にすんなりと入ることができた．[ステップ 1] の，「能力に影響を及ぼす外部及び内部の状況と利害関係者の要求事項，及びここからつながるリスク/機会の特定と，その課題及び取組みの決定と当社のマネジメントシステムへの埋め込み」については，[ステップ 1] 図 3.1 の「QMS 計画書」をワークシート化したもので当初は明らかにしていった．

一方，TP 社はこれまで「経営指針」(**図 3.5**) という冊子を作成して，これで経営に関する諸管理の計画を行っていた．この「経営指針」は，①会社の方針，②部門・部署の目標，③部門や機能別の主な業務手順と管理指標などが，約 100 シートにわたって記載されている．

あらかじめ用意した「QMS 計画書」のワークシートを利用して当社の情報を整理しているうちに，この「経営指針」が利用できることがわ

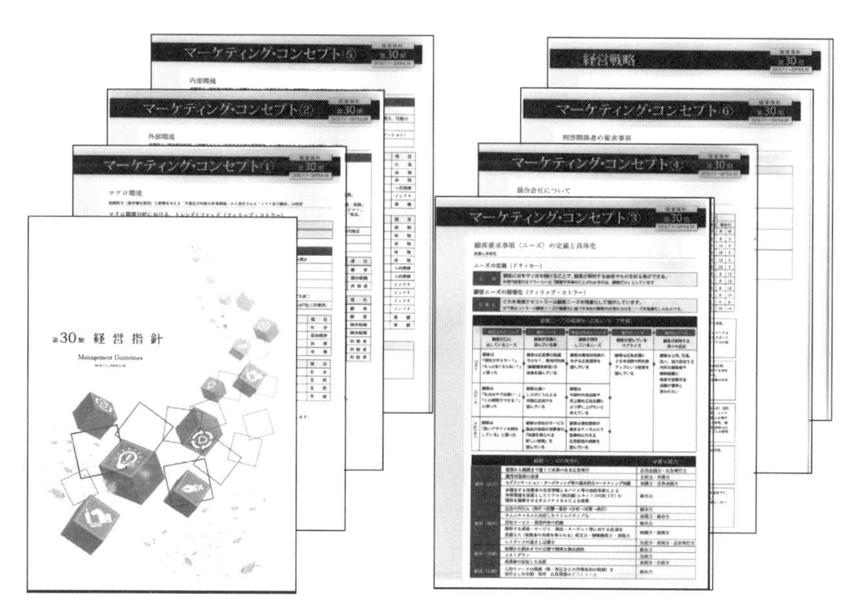

図3.5　N社の組織の状況把握と課題及び取組みの決定(経営指針から抜粋)

かってきた．そこで，「QMS計画書」のワークシートのそれぞれのコマにある情報を「経営指針」と対照して，情報の不足しているものをこれに新たに追加することにした．

これらの内容は，この「経営指針」の中では，TP社の経営戦略(内容的には経営上特に重要な課題)を決定する背景である「マーケティングコンセプト」として位置づけられた．これらの部分を文書化したものが図3.5であるが，この図では内容まではわからないため，それぞれのシートで記述されている概要についてまとめたものが，**表3.10**である．

このようにしてISO 9001規格の新しい枠組みを利用して，TP社のこれまで使用していた「経営指針」の柱となる部分に，「顧客が期待している価値を提供して，事業を成功させること」を意識して補完することにより，既存の経営管理システムに磨きがかかり強化されたのである．

表 3.10　TP 社の「経営指針」(一部)の内容と関連する規格項番

「経営指針」のシートタイトル		記述内容	ISO 9001 関連項番
マーケティングコンセプト	マクロ環境	社会，政治経済，技術，自然，市場，業界のトレンドから当社の競争優位要因に影響することが想定されるリスク/機会を特定	4.1，6.1
	外部環境	顧客，競合組織，供給者，技術者の視点から，当社の競争優位要因に影響することが想定されるリスク/機会を特定	4.1，6.1
	内部環境	当社の社風，体制，人的資源，インフラ，業績等に着眼して，当社の競争優位要因に影響することが想定されるリスク/機会を特定	4.1，6.1
	顧客要求事項の定義と具体化	顧客のニーズを，明言されたニーズから隠れたニーズまで深く分析して具体化し，それぞれの具体的なニーズに必要な組織能力を特定	4.1
	競合会社	上記の組織能力を中心にして，競合他社との比較分析をして，当社の強みを定量的に把握する	4.1，4.2
	利害関係者の要求事項	印刷会社，折込会社，Web パートナー，従業員などの利害関係者のニーズを明確にする	4.2
経営方針		上記の背景や当社の理念，目的から引き出された，7 つの方針を記述してある	4.1，6.1
経営戦略		上記の 7 つの経営方針を，具体的な経営戦略に落とし込んだ課題を記述してある	6.1
経営指針を運営する計画		長期，中期，単年度の目標を設定し，これを達成するために実施し，監視する手段を設定してある	6.2

【構築後の経過】

TP 社は，その後無事 ISO 9001 の認証を取得し，さらに 2 年余を経過した．取得直後の年度売上も 1 割程度アップして，順調に経営している．

前述のように，今回の QMS 構築にあたって中心的な存在となったのが，10 年ほど前に神奈川県中小企業家同友会で教わって導入した“ビジョン経営”で作成した「経営指針」という冊子であった．今回の認証取得活動を契機として，この中身をさらに強化した内容はさまざまであった．

その中で特に効果をあげていると実感をしているのが「競合会社分析とその結果を活用した取組み」である．これは［ステップ 1］の［手順 3］を実施する際に，自社の競争優位要因を分析したものである．(**図 3.6**)

この分析は，自社の販売対象である“広告”を提供するのに必要な能力を，マーケティング力(P)，実行力(D)，分析・対応力(C・A)と，広

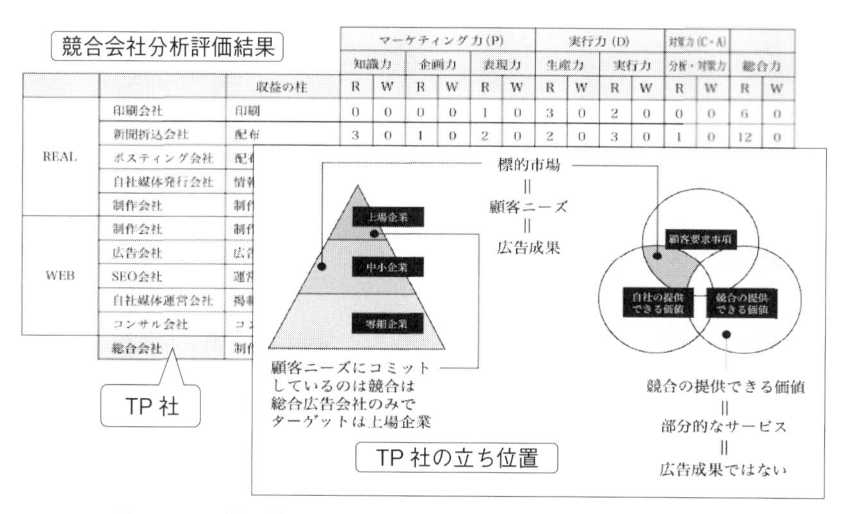

図 3.6　TP 社の競合会社分析と立ち位置(「経営指針」から抜粋)

告のPDCAごとに，他社と比較して分析したものである．この結果，TP社のようなPDCAすべてにわたる「総合力」を有しているのは，大手の総合広告会社のみであり，そのような大手企業が対象とする顧客は，大手・中堅企業であることが確認された．したがってTP社は，中小企業への広告販売を“競争の場”として，“広告のPDCA”という顧客価値を提供する会社であり，この「総合力」を競争優位要因としている企業であることを改めて認識し，このことを「経営指針」に見える化した．

これにより社員は，「自分たちは自分たちの競争している場でのトップ企業である」ことの自信と誇りをもち，これを維持するために「この総合力を構成する能力をさらに磨きをかけなければならない」という意識を強くもち，一体化した活動を展開できるようになった．

ただし，強化したこれらの活動は，必ずしも順調に運用されはじめたわけではなく，その後大きな課題も発生してきた．このことは，第4章の「ステップ2」の事例で紹介する．

第4章

[ステップ2] QMSへの実装

ISO 9001：2015 規格で強化された「プロセスアプローチ」を活用して，規格要求事項と，[ステップ 1] で決めた取組みを，自社の業務プロセスの中に組み込む．

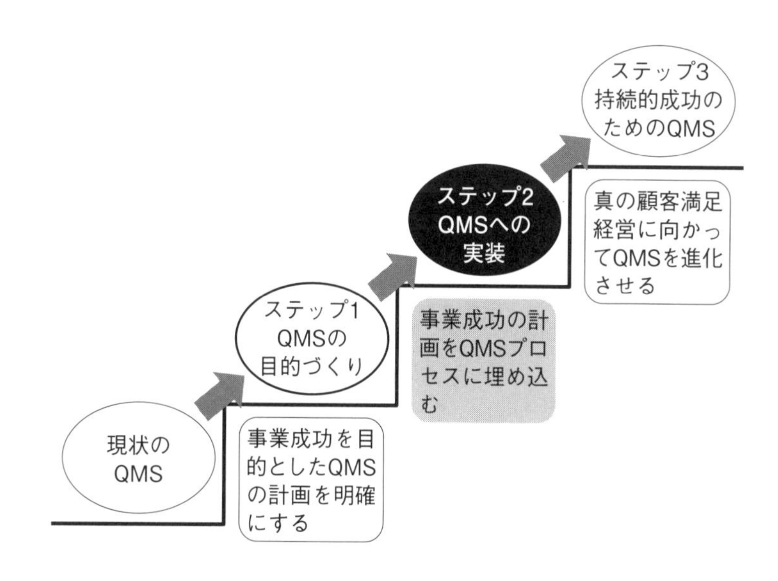

ステップ3
持続的成功のためのQMS
真の顧客満足経営に向かってQMSを進化させる
ステップ2
QMSへの実装
事業成功の計画をQMSプロセスに埋め込む
ステップ1
QMSの目的づくり
事業成功を目的としたQMSの計画を明確にする
現状のQMS

4.1 規格4.4項の規定事項と現状の対応状況

ISO 9001：2015(JIS Q 9001：2015)規格の巻末の解説では，ISO 9001規格の主要な改正点の一つとして「プロセスアプローチの採用の促進」を挙げている．また，規格本文中では，4.4項「品質マネジメントシステム及びそのプロセス」でプロセスアプローチの採用に不可欠と考えられる特定要求事項を規定している．

ところが一方では，ISO 9001規格の2008年版にあった「8.2.3　プロセスの監視及び測定」の要求が，2015年版では表面上消えてしまった．従来からこの項番の要求事項をうまく運用できていなかった組織は，これ幸いとこれを削除して，プロセスアプローチを促進どころか後退させてしまったところもあるのは残念である．いずれにしても，2008年版の時代から，これをうまく活用している例は少ない．

また，ISO 9001規格の2015年版での目玉でもあった規格4,1項，4.2項，6.1項で特定した，「自社の課題・取り組み」がプロセスに展開されずに，“絵に描いた餅”となってしまっている例が多く見受けられる．

4.2 “プロセスアプローチ”について

まずはじめに，プロセスアプローチについて少し説明しておく．

プロセスアプローチは，2つのアプローチで理解をするとよい．一つは，“プロセスネットワーク”である．これは，QMSの目的を達成するために必要なプロセス(機能，活動)と，それらのプロセス間の関係を明確にしたものである．この概念を可視化したものが，**図4.1**である．このプロセス間の関係性をよくすることや，それぞれのプロセスの目的と

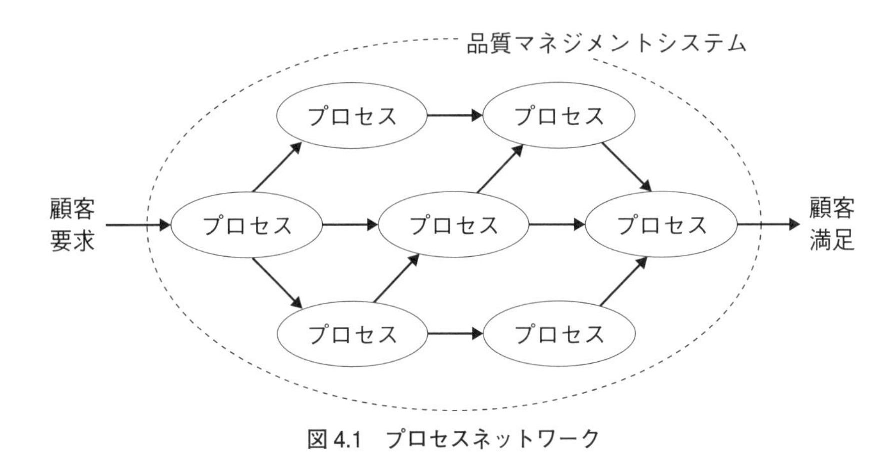

図 4.1　プロセスネットワーク

全体目的の一体化などにより，システム全体の最適化を図るために有効なアプローチである．ひと頃流行った“プロセス・リエンジニアリング”などは，まさにこれが基本となっている．また，TQM でよくいわれる“後工程はお客様”もこの考え方である．

このネットワークの中身は，組織それぞれで独自のプロセスとつながりで構成されている．自社においてこれを明らかにする方法は，［手順1］で説明している．

もう一つは，“ユニットプロセスの管理”である．これは，上記のプロセスネットワークを構成するそれぞれのプロセスに対するアプローチである．そしてここでは，プロセスとは以下のことを基本としており，これは，**図 4.2** のように表現される．

プロセスとは，インプットをアウトプットに変換する一連の活動であり，この活動を行うために各種のリソースを使う．そして，所望するアウトプットを得るために，監視・測定をし，この結果を利用した管理・制御を行うこともプロセスの構成要素と考えられる．

さて，以上のようにプロセスアプローチを図で理解したうえで，改めて ISO 9001 規格の 4.4.1 項(本書 1.2 節 pp.10～11 に引用)を読んでみる

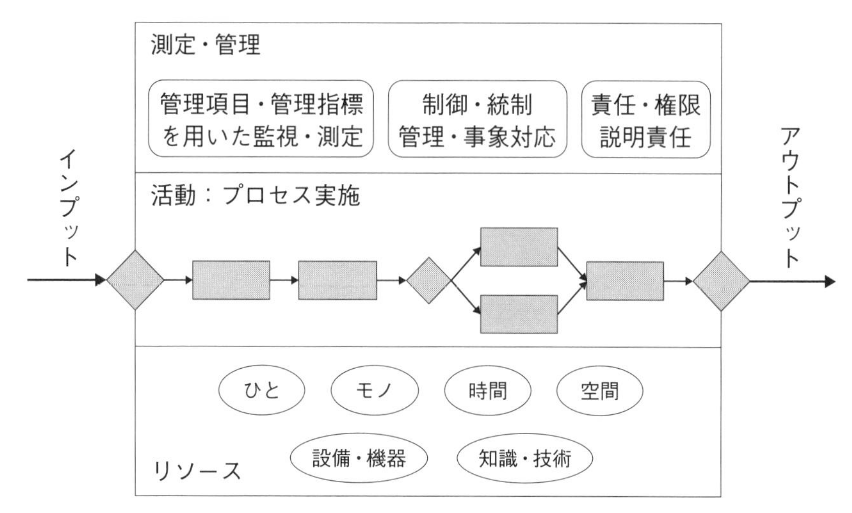

図4.2　プロセスの考え方（飯塚悦功著『品質管理特別講義　運営編』より）

と，ばらばらに並んだ文字で説明されている規格の規定事項が，だいぶ理解しやすくなるのではなかろうか．

次に，この規格本文に出てくる，それぞれのキーワードのポイントと，このステップ2での手順との関連を示しておく．

① プロセス

前述しているので重複は避けるが，特に留意する点は，規格の項番タイトルで表現するような名称や区切りにこだわらず，組織独自に設定することである．[手順1] で自社独自のプロセスを特定する方法を説明している．

なお，規格4.4.1項で規定している“プロセスの順序及び相互作用”については，[手順1] で作成する「QMS体系図」や，これに類したもので明確にしていることが多い．

② インプット

当該のプロセスに投入するものを明確にするのであるが，一般的には，「モノ」，「情報」，「状態」で考えるとよい．例えば，製造プロセスでは，部品や材料という「モノ」と，製造指示という「情報」と，製造が滞りなく行われるように準備された「状態」などがある．

プロセスネットワークのそれぞれのプロセスからのアウトプットが，次のプロセスのインプットになる．その大まかな様子は，［手順1］で作成される「QMS体系図」でも確認できる．

③　期待されるアウトプット

当該のプロセスの目的と考えてもよい．「アウトプット」については，基本的には前のインプットと同じように．「モノ」，「情報」，「状態」で考えればよく，例えば製造プロセスでは，製品がアウトプットであるが，“製品要求事項を満たした状態の製品”が期待されるアウトプットの一つといえよう．場合により，適切な使用方法などの情報がアウトプットされるときもある．サービス業などの場合は，「状態」または「情報」のみがアウトプットされることが多い．

これを明確にしておくことが，［手順3］及び［手順4］で，各プロセスにおける的確かつ効果的な運用の手順や基準を設定するために重要である．

④　必要資源

プロセスで必要とする資源で，人的資源，インフラストラクチャー，業務環境，パートナー，知的資源などがある．当該プロセスで特に必要な資源を，［手順7］で作成される「プロセス計画書」や，当該プロセスの標準書などに明確にしておくとよい．

⑤　責任及び権限

それぞれのプロセス全体の責任者を明確にしておくが，一般的には，当該のプロセスに強く関連する(主管する)「部門」や「部署」の責任者がプロセスの責任者となっていることが多い．［手順2］で作成するプロセスフロー図上に出てくる個々の業務単位の責任者については，このフロー図を縦割りしている各部門・部署の責任者と考えればよいであろう．

⑥　リスク及び機会への取組み

自社を取り巻く事業環境や利害関係者のニーズ・期待を考慮して決めたリスク/機会に対する取組みである．本書では，[ステップ1] の [手順6] で決めた課題を，[手順7] によって決めた方法で取り組む．

⑦　判断基準及び方法

当該のプロセスに関連する手順書(プロセスの一部分または全部)を作っている場合は，ここに方法や運用するための判断基準などを含んでいるはずである．ただし大事なのは，この中身である．先に明確にした当該プロセスの「期待されるアウトプット」を生み出すため，あるいは「リスク/機会への取組み」を確実に運用するために，適切で，もれのないものであるのかどうかを検討して，必要によりこれを充実させておくことが重要である．特に留意して見直さなければならないのは，「リスク/機会への取組み」に関連した業務の手順や運用基準である．これまでの説明ですでにおわかりのように，これは自社の事業の成功につながる競争力に関わる重要な取組みとなるからである．本書では，これらを [ステップ2] の [手順3]，[手順4] で行う．

⑧　プロセスの評価

当該のプロセスが問題なく順調に，そして有効に運営されたのかどうかを評価する指標が設定される必要がある．ISO 9001の2008年版規格の「8.2.3　プロセスの監視及び測定」で要求していた項目といってよいが，この項番をうまく運用していたと思える例は比較的少なかったので，今回は一旦これをリセットして，新たに考え直してみることも有益であろう．

これを決めるポイントは，当該プロセスの「期待されるアウトプット」の状況を判断するのに適切な指標を選ぶことである．また，適宜，監視する段階や，部門の階層も留意するとよい．すなわち，プロセス最後の結果だけでなく，その結果を生み出す途中段階での監視項目や，その監視を行う人の適切な階層も，適宜選ぶことである．［手順 6］でこれらの指標を設定し，PDCA の管理サイクルを回すことを説明している．

4.3 ［ステップ 2］のねらいと手順

［ステップ 2］では，第 3 章の［ステップ 1］で明確にした自社の課題に対する取組みを，プロセスの中に組み込む，すなわち，「マネジメントシステムに魂を吹き込む方法」を解説する．本書では，4.2 節で説明したプロセスアプローチの正しい理解により効果的に運用することは元より，このやり方を利用して，［ステップ 1］で決定した，リスク/機会への取組み(すなわち，当社の競争力となる組織能力を維持・強化する取組み)を QMS プロセスの中に積極的に組み込んでいこうとするものである．

その手段としては，当該プロセスの業務フロー図(本書ではプロセスフロー図と呼ぶ)を活用することを基本としている．すでに，この手のフロー図を作成してある企業も多いことと思うが，その場合は，これを利活用すればよい．

［ステップ 2］では，以下のような手順に沿って進めていく．

手順 1：自社の QMS を構成するプロセスを決める
手順 2：それぞれのプロセスの中身を可視化する
手順 3：それぞれのプロセスで規格の要求事項を確認する
手順 4：プロセスに「リスク/機会への取組み」を組み込む
手順 5：教育・訓練を実施する
手順 6：プロセスの維持・改善の PDCA サイクルを回す
手順 7：「プロセス計画書」への整理・可視化を行う

【手順1】 自社のQMSを構成するプロセスを決める

自社にどのようなプロセスが存在するのか，そのプロセスがどのように組織の活動に適用されているのか，そしてプロセス間の相互関係がどのようになっているのかを明確にしておく必要がある．本書では，以下に示すように，「QMS体系図」を作成して可視化する．

図4.3は，T社の「QMS体系図」の作成例である．まず，製品実現プロセスの大まかな流れをT社の活動に沿って記述する．あまり細かすぎない程度に記述していくとよい．基本的には，流れの矢印は途中で切れ目なく流れていくように気をつける．

まずは，販売活動から，設計，調達，製造，引渡しまでのメインプロセス(製品実現プロセス)での自社の実態を，図4.3のように書いていく．さらには，提供した製品やサービスに関するクレームなどの情報の入手とこれを改善につなげる業務を書き込む．

次に，これらの内容を，自社の管理に都合のよい，適切な業務の固まり(一連の活動)，すなわちプロセスを特定して，これをこのフロー図上でマーキング(図4.3における点線)すると，ほぼでき上がりである．ここでは，ISO 9001規格で便宜上分けてある項番にこだわらずに，自社の実態に即した単位となるように分けることが肝要である．そしてそのプロセスには，自社の業務の実態にふさわしい名称をつけることも，結構大事なことである．T社では，「受注プロセス」，「生産準備プロセス」，「調達プロセス」，「製造プロセス」，「改善プロセス」と，自社で普段使いなれている名称にした．

また，会社の方針や目標を策定・展開し管理する業務や，要員や設備などの資源を提供し，管理する業務もあるが，これらは全体に関連するので，この図に入れ込むとわかりにくくなってしまうので，最初は別にしておいた方がよいであろう．これらのプロセスに対して，T社では「方針プロセス」及び「支援プロセス」と命名して，その存在をこのプ

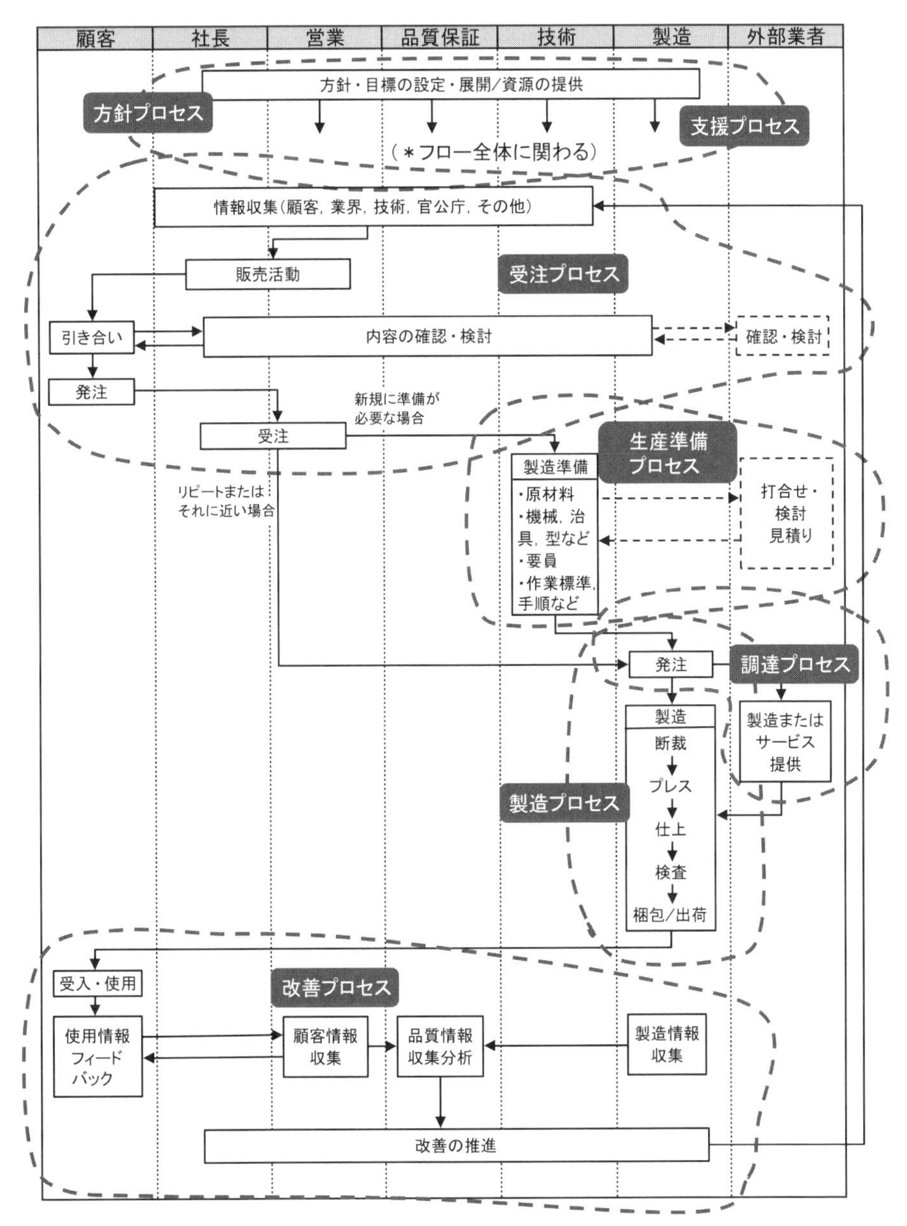

図 4.3　T 社の「QMS 体系図」

ロセスフロー上に明記しておいた．これらのプロセスについても，同じようにフロー図が作成されているとさらによいのはいうまでもない．

「品質保証体系図」をすでに作成してある組織も多いと思うが，そのような組織は，現存する品質保証体系図を，このような観点から，必要により少し手を加えて作成するとよいであろう．

ここで気をつけなければならないこととして，ひと頃の“ISO 9001の形骸化”の猛省の反動として生まれた“安易な現状重視”がある．確かに，規格の要求事項への適合とその説明しやすさのために自社の実態に合わない業務のやり方を導入したり，余計な業務を追加したりすることは無用のことであった．しかしながら，だからといって現状が常によいということにはならない．QMSの目的を達成するために必要であるにもかかわらず，該当するプロセスが存在しないとか，あるいは不明なときも十分にあり得る．また，自社の業務プロセスを正しく，適切に理解し，特定できているかどうかについても，必ずしも完璧とはいえない．

そこでやっておきたいのは，逆向きに，規格の各箇条，項番が自社のどの業務に対応するかを確認することである．本書の事例企業であるT社は，製品の設計はしていないために「設計・開発」のプロセスの存在を無視していたが，ISO 9001：2015規格の8.3項を意識して「生産準備プロセス」にあてて，当社の競争力の源泉となるプロセスを明確にして，これを強化することでQMSの目的達成の成果につなげた．

このように，ISO 9001規格の規定箇条・項番を利用して，自社のプロセスを確認し，考察してみることも有用である．ここで現状を重視するのは，さらなる改善・改革のための基盤として，明確にしておくためである．このことは，次の［手順2］についても同じである．

【手順2】　それぞれのプロセスの中身を可視化する

自社のプロセスが明確に定義されているならば，それぞれのプロセスの中身が可視化されているとよい．ここでお奨めしたいのが，前出の「QMS 体系図」を利用した方法である．

これは，手順 1 で特定したプロセスごとに，いわゆる「業務フロー図（プロセスフロー図）」といわれるものを作ればよいのであるが，前出の QMS 体系図からくり抜いてくるのだから，その様式はできるだけこれとの共通性をもたせたほうがよい．ただし，「QMS 体系図」よりは詳細な記述となるため，必要により横軸の部署は詳細化して，追加しておいてもよい．例えば，当該のプロセスの主要部署をさらに「係」で分けたり，責任者の欄を追加したりする場合もある．

この様式の中に，実際に実施している業務の実態を，その流れに沿って記述していけばよいのだが，あまり詳細になっても使いにくくなるので，A4 用紙に 1〜2 枚か，A3 用紙に 1 枚程度に収まるように記述するとよいだろう．詳細を書かなければならないときは，その手順書をつくり，これを引用すればよい．

この作業で特に重要なことは，「こうありたい」ということはここでは考えずに，まずは「実態をありのままに」記述することである．**図 4.4** は，T 社で，規格のことなどは何も考えずに，自社の受注プロセスの業務実態をそのままフロー図に表現したものである．まずは，実態に即して記述することが，ISO 規格に必要以上に引っ張られずに，自社独自の QMS にしていくための出発点である．また，次の［手順 3］および［手順 4］で，プロセスの強化を行って改善を進めていく基盤としても，現状をありのままに明確にしておくことが重要なのである．

【手順 3】　それぞれのプロセスで規格の要求事項を確認する

自社のプロセスのありのままの姿が可視化されたならば，ISO 9001 規格の要求事項との対応関係を確認する．この例として，手順 2 で作成した T 社の事例を取りあげて説明する．

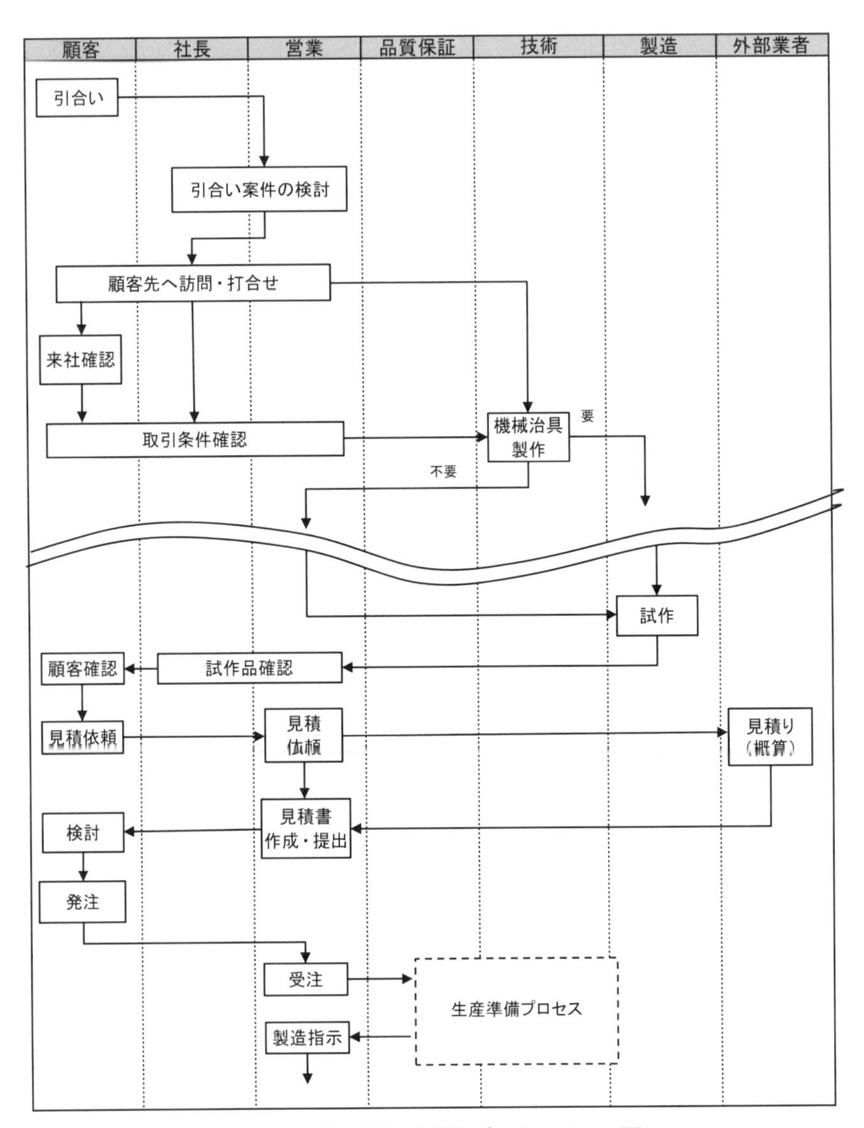

図 4.4　T 社の最初の受注プロセスフロー図

「8.2.1　顧客とのコミュニケーション」は，このフロー図（図 4.4）そのものに表現されているといえるだろう．「8.2.3　製品及びサービスに関する要求事項のレビュー」は，この最初のフロー図（図 4.4）ではよくわからないが，実態としては，引き合い段階で顧客から要求事項が示されたときや，見積書を作成するときに，顧客の要求事項は当然のことながら，顧客が言わなくても当然にやらなければならないようなことを考慮し，必要であればそれを顧客にも示し，確認している．また，正式な受注情報を受けたときには，見積書で提示した仕様と相違がないかどうかを確認し，もしも明確になっていないようなことがあれば，問い合わせて確認をしている．このことを確実に実施することは自社にとって重要なことなので，これをフロー図上に明記し(**図 4.5** の左のアミカケ部)，その基準も明確にした．

さて ISO 9001 規格の 8.2.3.2 項では，“a）レビューの結果”と，その結果として“b）製品及びサービスに関する新たな要求事項”が出たときは，この「記録」を要求している．前述のようなレビューを実施したときに，曖昧なところがあればこれを確認し，その製品の要求事項を達成できそうもないときは，そのことを伝えて修正をしてもらうのは当たり前のことであり，やらないと大変なことになる．T 社では「確かにこれはやっているが，記録というとどうか？　どうもあまり徹底してないから，この手順を明確にしておこう」ということになり，以下のルールを明確にした．

- 引合い時の「記録」は，商談メモなどをとるように習慣づけする．見積段階での結果は，問題があったときにはそれを解決した結果として見積書ができるはずだが，もしも解決していないことがあれば，見積書に明記する
- 受注時の確認は，何か問題があるときはメールでやりとりしているので，このログファイルを意識して保存しておく

これらのことは，ISO 9001 の用語でいえば，運用の基準を明確にした，ということである．少し大変になるかもしれないが，ビジネス上当たり前のことであり，これまでもこのことにより，顧客とトラブルが

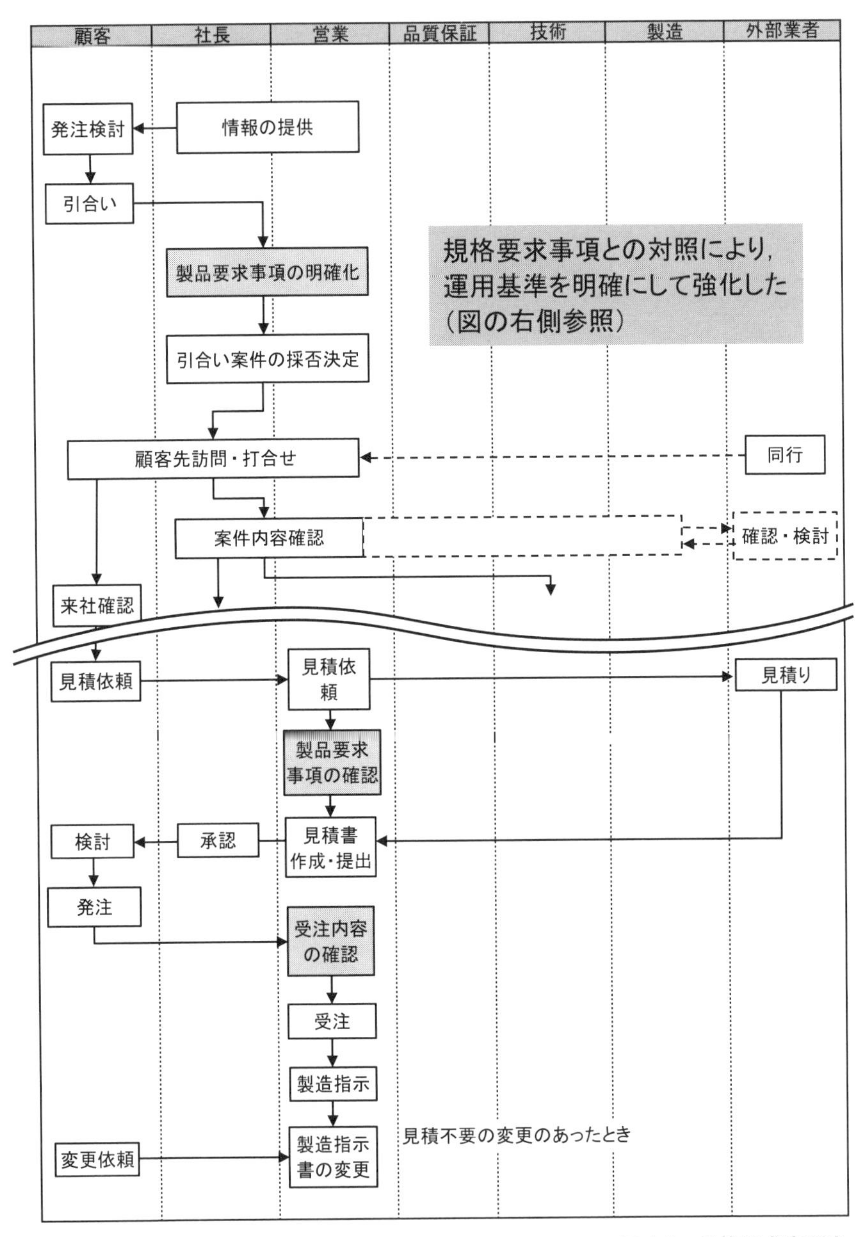
顧客
社長
営業
品質保証
技術
製造
外部業者
発注検討
情報の提供
引合い
製品要求事項の明確化
規格要求事項との対照により，運用基準を明確にして強化した（図の右側参照）
引合い案件の採否決定
顧客先訪問・打合せ
同行
案件内容確認
確認・検討
来社確認
見積依頼
見積依頼
見積り
製品要求事項の確認
検討
承認
見積書作成・提出
発注
受注内容の確認
受注
製造指示
見積不要の変更のあったとき
変更依頼
製造指示書の変更

図 4.5　規格要求事項を

関連規格項番	関連文書	運用または監視基準
8.2.1 (フロー全体)	商談メモ帳 ホームページ	
8.2.2	商談メモ帳 メールログ ファイル	・顧客要求, 法規制, 用途に応じた要求事項, 当社基準の明確化 ・記録に必ず残す
	商談メモ帳	・顧客要求, 法規制, 用途に応じた要求事項, 当社基準の明確化
8.2.2, 8.2.3		
	見積依頼書 図面	
8.2.3	見積書 (添付文書)	・品質, コスト, 納期, その他の要求事項を満たすための能力確認 ・問題ありは対応し記録に残す
8.2.3	注文書 注文データ メールログ ファイル	・品名, 数量, 単価の確認 ・見積書との差異の確認 ・問題ありは対応し記録に残す
	製造指示書	
8.2.4	製造指示書	・変更事項は製造指示書を再発行

埋め込んだフロー図

あったこともあるので，しっかりとやれるように，運用基準とともにフロー図上にも明記した(図4.5の右側).

このようにして，それぞれのプロセスについて，ISO 9001規格の要求事項を確認し，必要なものはその強化を行った．これらの結果をフロー図上に表したものが図4.5であるが，フロー図そのものの変化と，「関連文書」と「運用または監視基準」の追記に着目してほしい．関連規格項番も図中に示してある．QMSの運用上は不要だが，新規社員，内部監査員などへの教育目的で，資料として残しておいてもよいであろう．

この規格要求事項との対照で設計プロセスを強化していった例は，[ステップ1] の事例(2)のTP社の事例も参考にするとよい．

【手順4】 プロセスに「リスク/機会への取組み」を組み込む

[手順4] では，肝心の「リスク/機会への取組み」のプロセスへの組込み(統合)を行う．[ステップ1] の [手順7] では，その課題への取組みを，①しくみの変更や，新しい活動が必要(方針管理対象)，②管理方法の見直し・強化が必要(方針管理または日常管理対象)，③現状の管理方法を確実に実施する(日常管理対象)の3つに分類した(図3.3参照).

①については，規格6.2項の目標に組み込んで活動していく．これは規格6.2.2項の枠組みの中で，必要によりその手段をさらに詳細にするなど，実施計画を明確にしてこの計画に沿って運用していけばよい．

③については，いろいろな方法がある．例えば，小規模企業の場合には，マニュアルや該当するプロセスフロー図の該当する箇所に，取組みそのものを載せてしまうことも有効であろう．規模にかかわらず，当該組織のリスク/機会とこの取組みを一覧表にして，目立つ場所に掲示するとか，朝礼で伝達するといった方法もあるだろう．内部監査では，この遵守状況を重点的に確認するということも有効である．特に重要なのは，認識を含む教育・訓練であり，このことは [手順5] でも説明する．

今，自社の競争力の維持・向上のために，かなり意識して行う必要があることとして，②の取組みがある．何か好ましくないことが起きてからプロセスの管理方法を強化するのではなく，せっかく［ステップ 1］で特定したリスク/機会を先取りした，予防処置としての取組みをしないと，2015 年版規格が大幅改訂されたときの趣旨は活かされない．むろん，これが大規模な改善を伴うときは，この組込み作業そのものを目標管理の中に落とし込んで推進することもあるだろう．

このようなやり方を，引き続き T 社の事例で説明をしよう．T 社では，直近のマネジメントレビューで，新たに「リスク/機会」が見直され，「受注プロセスの強化」の必要が生じてきた．このレビューの状況は［ステップ 3］の［手順 3］の中でも説明するが，現在，世の中や業界では環境問題への対応で新規素材への代替が一つの課題となっており，これを“機会”として新たなビジネスを展開する取り組みである．また，この機会は，「受注プロセスの管理不足による失注」というリスクと裏腹でもある．

T 社は，まずはこのプロセスにおける「リスク/機会」を，さらに詳細に展開した．例えば，技術提供型の取引形態になってくると，技術的な実現性の低い案件のムリな受注による頓挫や，重要事項の把握漏れや双方の認識違いによるトラブル発生などのリスクがあり，さらには，極秘情報の漏洩による提供価値の減少・消失リスクなどもある．

これらのリスク対策として，絶対に守らなければならないこと(運用基準)や，判断するときの基準を決めて，この受注プロセスフロー図上に，**図 4.6** の右側のように明確にしていった．

このようにして，手順 3 で作成したプロセスフロー図をもとにして検討すると，どこにどんなリスクが存在するのか，比較的容易かつ的確に抽出することができた．そして，それぞれのリスクについて，業務上留意して実施しなければならないこと(運用または監視基準)を決めた．例えば，「極秘情報の漏洩による提供価値の減少・消失」のリスクに対しては，「(顧客への)提供情報には生情報を含めないこと」という運用基準を明確にした．その他の対応は，図4.6を参照されたい．

なお，説明の順序が逆になるが，フロー図そのものも，「機会」が活かされるように，その上流段階で商社，材料メーカーなどのパートナー

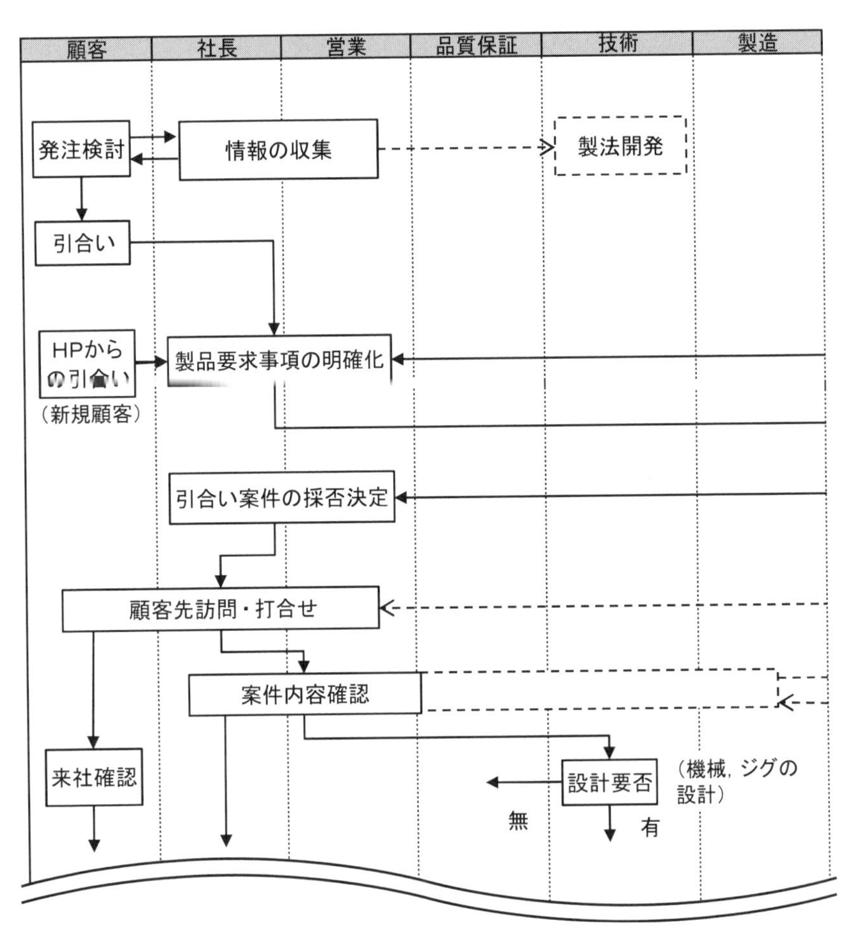

図4.6　T社の「リスク/機会への取組みの

からの引合いの手順を追加して充実させたうえで，これらのリスク対応による強化が実施されたことも述べておく．「機会」への対応も重要である．

このような方法で，［ステップ 1］で特定された「リスク/機会」は，関連するプロセスのフロー図の中でさらに展開すると，強化すべき運用

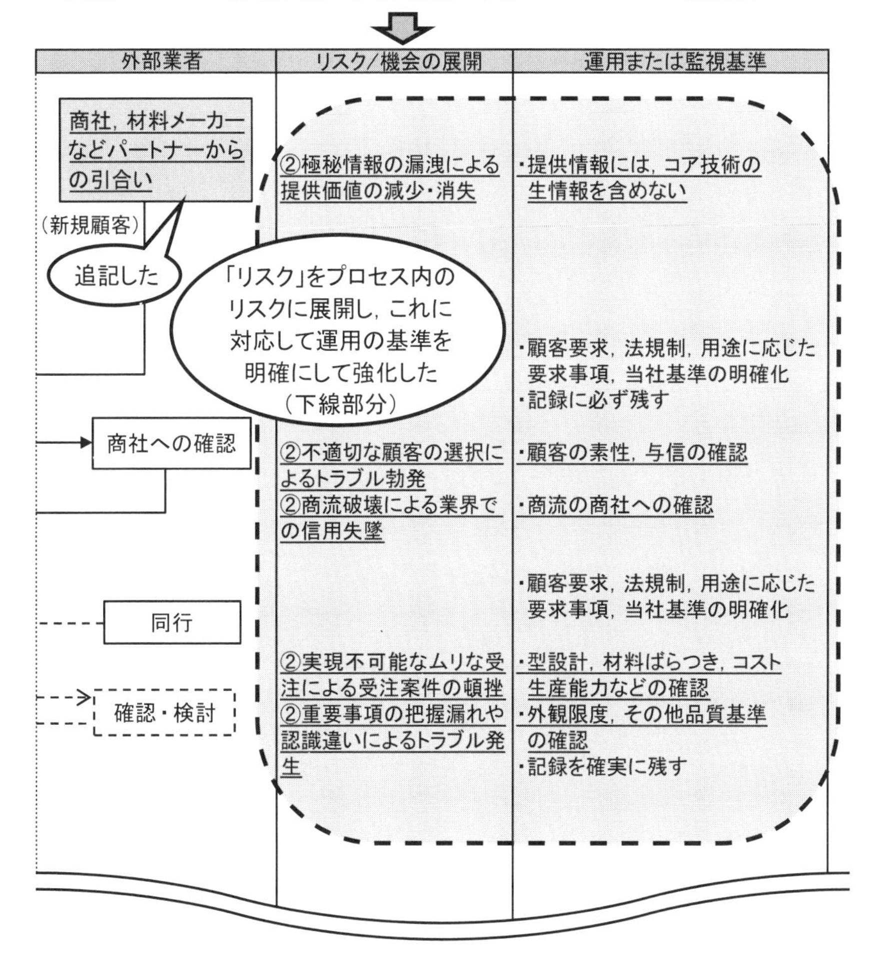

プロセスへの組込み」の例

や監視の手順・基準がよく見えてくる．

T社の受注プロセスにおいて，前記以外の関連するすべての「リスク/機会」について同様の手順で展開して強化したものと，［手順3］で強化したものを合体してまとめたものが，**図4.7**である．この図の右で下線を引いた部分が今回の［手順4］により強化されたものである．

【手順5】 教育・訓練を実施する

経営者に「社員になにを望みますか？」という問いかけをすると，「一人ひとりが経営者の意識で仕事をしてほしい」という回答が非常に多い．これを具体的にいうと，社員全員が，これまで説明してきたような自社のもつ「課題」と，その背後にある「外部及び内部の状況」や「リスク/機会」を理解して，高い意識をもって，これに対応するように日々の業務を遂行していってほしい，ということであろう．

これを実際に実現するためには，やはりこれらのことを可視化(文書化)して，これをもとにした計画的な教育・訓練をすることが基本である．

効果的な教育・訓練の方法は，なぜそのことを行わなければならないのか，という目的を，教育・訓練を行う対象と一緒に教えることである．これにより，教育・訓練の効果がグンと上がる．［手順4］で推奨している方法では，プロセスフロー図にそのことが，「リスク/機会」として可視化されている(図4.6及び図4.7参照)．このようなフロー図を作成して，これを標準としてもよいし，これをチェックリスト代わりにして，既存の作業手順書を充実させてもよいであろう．いずれにしても，肝心なことは，“なぜ”の部分がわかるように文書化などの工夫をしておき，これで教育・訓練を行うことである．

もう一つ重要なことは，ISO 9001の2015年版規格で独立した項番を設定した7.3項「認識」である．会社の方針や行動指針をよく理解すること，決めたことを守ること，改善を進めること，これらの重要さを全社員に認識させることなどである．4.4 節の事例(2)で紹介する．TP 社では，構築した QMS を運用し始めると，すぐにこの重要さを痛感させられる事態に直面し，このためのオリジナルプログラムを作成してこれを実践している．

小集団改善活動における地道な改善提案制度などでも，その効果金額よりも期待しなければいけないのは，改善を大切にする企業風土の醸成である．どんな優れた QMS を構築しても，これを実行する社員一人ひとりの意識が変わらなければ，空回りするだけで効果に結びつかない．企業風土として定着するような息の長い教育・訓練の仕掛けも必要なのである．

【手順 6】　プロセスの維持・改善の PDCA サイクルを回す

経営者に「ISO をやって何がよくなりましたか？」と聞くと，「PDCA (計画/実施/評価/処置)のサイクルが回せるようになりました．会社の体質がよくなりました」という回答が多い．確かにこれまで日本人が不得手であった作業の文書化による標準化が，ISO 9001 の活動のおかげで進み，顧客からの苦情や不良品が発生したときに，この原因を追究して修正及び再発防止対策に結び付けていく行動は，これを繰り返し行うことで，組織内でかなり定着してきたといえるであろう．しかしながら，まだまだ ISO 9001 を活用する余地が多くある．

ISO 9001 規格の 4.4 項「品質マネジメントシステム及びそのプロセス」の g)項では，「これらのプロセスを評価し，これらのプロセスの意図した結果の達成を確実にするために必要な変更を実施する」ことを規定しているが，これは「プロセスの PDCA サイクルを回してください」といっているもの捉えられる．

この PDCA サイクルを回すためには，当該の「プロセスの評価」を

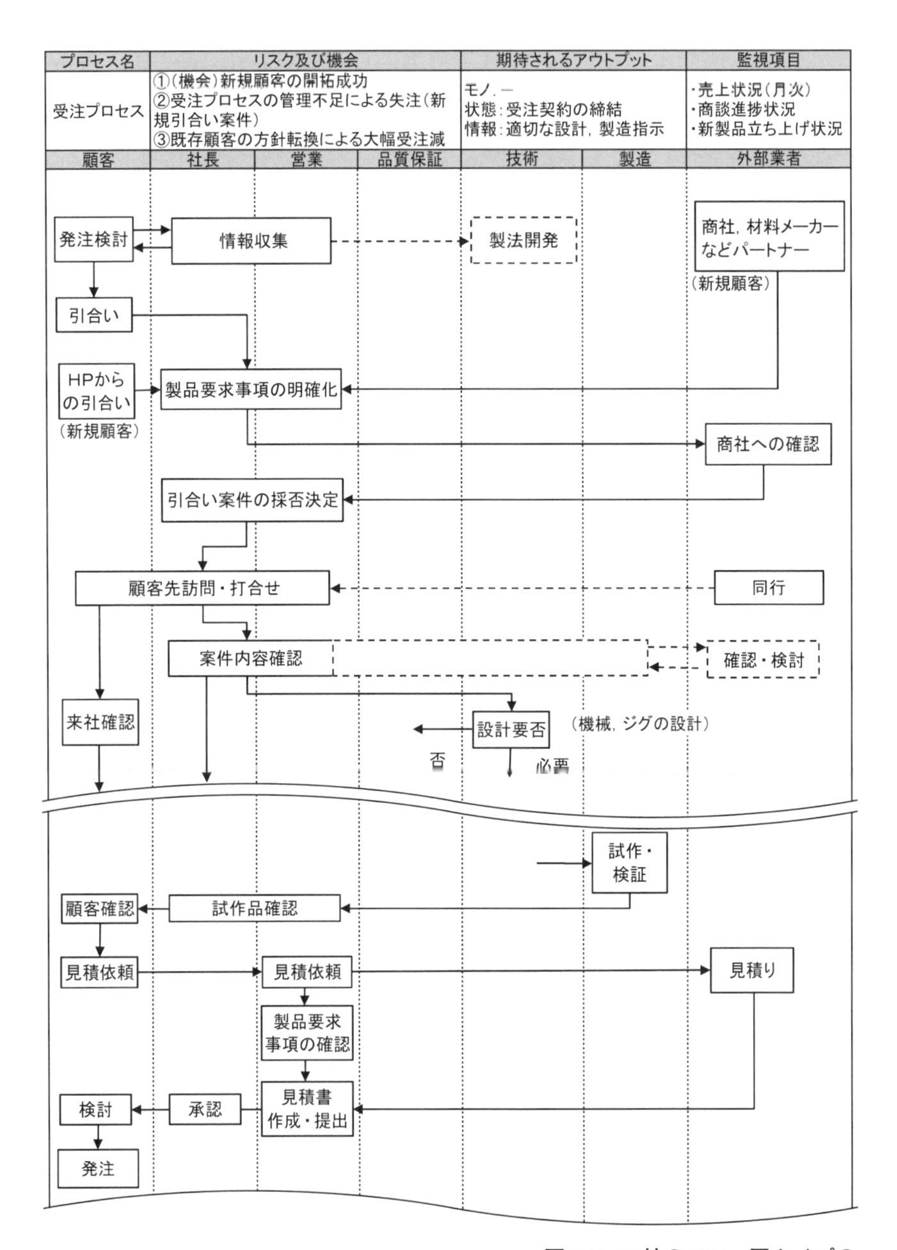

図4.7　T社のフロー図タイプの

①②③の数字は，左欄にある「リスク及び機会」の番号に対応させてある
↓

関連規格項番	関連文書	リスク／機会の展開	運用または監視基準
8.2.1 （フロー全体）	商談メモ帳	③既存顧客の購買方針の変化による大幅受注減 ②極秘情報の漏洩による提供価値の減少・消失	・毎月1回，定期的な訪問による情報収集 ・提供情報には，コア技術の生情報を含めない
8.2.2	ホームページ メールログファイル	①ホームページからの引き合い案件の質向上	・アクセス分析結果の監視 ・顧客要求，法規制，用途に応じた要求事項，当社基準の明確化
	商談メモ帳 メールログファイル	②不適切な顧客の選択によるトラブル勃発 ②商流破壊による業界での信用失墜	・記録に必ず残す ・顧客の素性，与信の確認 ・商流の商社への確認
	商談メモ帳		・顧客要求，法規制，用途に応じた要求事項，当社基準の明確化
8.2.2，8.2.3	商談メモ帳	②実現不可能なムリな受注による受注案件の頓挫 ②重要事項の把握漏れや認識違いによるトラブル発生	・型設計，材料ばらつき，コスト生産能力などの確認 ・外観限度，その他品質基準の確認 ・記録を確実に残す
（8.3.4） （8.3.4）	試作結果書	②社内情報の外部漏洩による競争力の失墜	・外部提供資料の社長確認
	見積依頼書 図面		
8.2.3	見積書 （添付文書）		・顧客要求，法規制，用途に応じた要求事項，当社基準の明確化 ・梱包，納場，梱包単位，支払い条件（見積フォーム使用） ・競合，ルートを確認すること ・見積提出の社長承認（やすかろう，悪かろうにしない） ・品名，数量，単価の確認

「プロセス計画書」の例

表 4.1　T社の一覧表タイプの

プロセス名	必要とするインプット	期待されるアウトプット	効果的な運用・管理に必要な判断基準及び方法
経営プロセス	• 事業環境の変化を含む情報 • 経営状況及び事業実績の情報	• 社長方針の実現 • 競争力の強化 • 事業の安定的継続	• 目標達成状況の進捗管理 【監視のパフォーマンス指標】 • 毎月の売上と利益の状況
受注プロセス	• 顧客からの要求事項	• 顧客の満足 • 受注量及び売上金額の維持・拡大 • 製造先への適切な指示	• プロセスフロー図，受注手順書，調達手順書に記述された判断基準・方法 【監視のパフォーマンス指標】 • 引合い件数，受注件数・金額の状況 • 営業責任のミス件数
製造プロセス	• 製造指示 • 製造に必要な材料，金型，治具など	• 製造指示及び製品規格などの要求事項を満たした製品	• QC工程表及び各種製造手順書に記述された点検項目及び管理項目の管理基準を判断基準とする 【監視のパフォーマンス指標】 • 日々の工程不良発生状況及び納期順守状況，生産状況
支援プロセス	• プロセスの運用及び要求事項を満足させるのに必要な要員，インフラストラクチャー，作業環境などのニーズ情報	下記により，安定した品質で計画どおりに生産量及び販売額を確保できている状態 • 必要な力量をもった人材提供 • 必要な性能をもったインフラストラクチャーの稼働 • 必要な作業環境の維持	• 必要な力量をもった要員が，必要な数だけ提供されているか，日々の勤怠状況，新人の教育状況を確認する． • 設備機械点検基準表に記述された点検基準で所定の頻度で監視する （以下省略） 【監視のパフォーマンス指標】 • 日々の出来高，稼働率，出勤率など
改善プロセス	• 改善の機会 （製品不適合の発生，計画の未達成，内部監査不適合の検出，顧客満足監視結果のフィードバック，マネジメントレビューの指示事項，その他）	• 改善された状態 • 組織の能力が強化された状態	• 不適合などの改善の機会が潜在化していないか，遅滞している是正処置がないかどうか毎日監視する • 製造工程自動化計画が計画どおりに進んでいるかを毎月監視する 【監視のパフォーマンス指標】 • 改善完了件数 • 設備自動化計画進捗状況

「プロセス計画書」(最新例より抜粋)

◎は方針(目標)管理として取り組む

資源	責任・権限	リスクと機会への取組み	プロセスの評価方法
従業員，設備，資金	社長	◎経営者の実施している管理業務の「組織の知識」化と幹部社員への計画的移管 • 品質マニュアルの内容の拡充	①売上高・粗利益の推移状況と，②目標の達成度(有効性)を，毎月のマネジメントレビューにて確認，評価する
営業要員 情報・通信機器，車両	営業部長	• 顧客との緊密な関係の維持と顧客内情報の積極的収集 ◎新規市場，新規顧客へのアプローチ，開拓(詳細はQMS計画書)	①受注状況(基準：前年以上の受注金額，受注件数)を，毎月集計して評価 ②商談進捗状況，③量産立ち上がり状況を毎月の定例会議で報告，評価
QC工程表参照	製造部長，その他はQC工程表参照	• 各工程で不良を発生させない，次工程へ流出させない工程管理の徹底 • ヒューマンエラー対策の徹底(プレス工程におけるポカよけ対策，仕上げ工程における検査体制) ◎原材料ばらつきと不良発生のメカニズムの解明 (以下省略)	①不良率，②納期遅延率を毎月集計して評価する，③既存品と新製品の生産高
役員，社員 情報機器，その他機器	総務部長	• 作業者短期間養成のための標準類の整備と活用 • コンピュータシステムの確実なメンテナンスの実施 • 機械・設備の点検及びメンテナンスの徹底 ◎現状作業者の計画的スキルアップ(多能工化推進) • 改善できる仕掛け，改善できる力量の向上，改善する風土の醸成 (以下省略)	①日々及び月の出来高を監視し，計画に対して大幅な逸脱がないかどうかによって，資源関係の提供に関する有効性を評価する ②設備の稼働率を毎月評価して，計画以上であるかどうかによって有効性を評価する (以下省略)
—	管理責任者(品質保証部)	• 改善できる仕掛け，改善できる力量の向上，改善する風土の醸成 • 品質マニュアルの内容の拡充 ◎自動化ラインの推進(検査の自動化を含む)による生産能力，製品供給能力の向上(詳細はMS計画書)	①不適合や監視測定結果に基づく改善実施件数をマネジメントレビューで確認して，改善の機会を活かしているかどうかを評価して，このプロセスの有効性を確認する ②設備自動化計画進捗状況を毎月確認して，実績が計画からの乖離が大きいときには計画を見直す

行わなければならないが，このことは，4.2節⑧で説明してあるので，これを参照されたい．ここでは，この内容をT社の事例で具体的に説明する．

T社の例では，受注プロセスでの“期待されるアウトプット”は，「受注契約の締結」という状態と，「設計や製造への適切な指示」という情報である．プロセスが，これらをアウトプットできる状況が維持できているのかどうかを評価する項目として，結果としての「月次の売上高の状況」，「新規製品の立ち上げ状況」と，中間段階での「商談の進捗状況」を監視項目として，それぞれに監視基準を設定している．毎月のデータは，営業会議で社長に報告され，その結果が基準を逸脱しているときには，修正の処置及び仕事の手順やしくみの変更の是正処置を実施している．特に，T社の“リスク/機会への取組み”に関連する「商談の進捗状況」や「新規製品の立ち上げ状況」については，仕事のやり方やしくみへの対処を意識的に行っている．これらの期待されるアウトプットや監視項目は，図4.7の左の上部に明記してある．

このように，すべてのプロセスの監視項目と監視基準を設定して，PDCAサイクルを回していくことは，TQMにおいても日常管理の基本でもあり，これがまだ十分にやられていないことが多い．

【手順7】「プロセス計画書」への整理・可視化を行う

これまで説明してきた事項を，一望できるものに可視化しておくと，全体像がよく俯瞰できて，組織内で共有化しやすくなるなどのメリットもある．以下にT社の例を示すので参考にしてほしい．

フロー図タイプの「プロセス計画書」の一部を図4.7に，一覧表タイプの「プロセス計画書」の一部を**表4.1**に示す．いずれも，以下のように一長一短があるので，併用するのが望ましい．

①　フロー図タイプ

通常の業務とプロセス要素との関係がわかりやすく，実用的である．ただし，インプット，アウトプット，資源などはわかりにくい．また，方針プロセスや，支援プロセスの中身が見えない．

② 一覧表タイプ

すべてのプロセスとそのプロセス要素が一望できて，全体がわかりやすい，整理しておくにはよい．ただし，通常の業務との関係がわかりにくく，形骸化しやすい．

4.4 ［ステップ2］の事例

(1) N社の事例 －経営者の思いを業務プロセスに埋め込む－

［ステップ1］で紹介したように，N社の社長の思いとして，ISOマネジメントシステムの大きな目的は“ひとりワンプロジェクト”により組織を活性化することであった．顧客側からしても，ワンストップで要求が伝えられ，しかも，その対応が速く，的確であれば，自然とN社に注文を続ける．これが継続的に実現し続けることで，事業は成功するはずである．

しかしながら，組織が小規模である間はうまくいくが，N社のように従業員100人近くの規模となってきたことや，扱う製品の種類も多様化してきて，その技術も日進月歩で進歩している中では，それなりの努力が必要となってくる．その取組みとしては，1人の力量を上げるだけでなく，組織内にある経験や知識を最大限に活用できるようにしておくことが重要となってくる．

また，個人の力量に依存する割が高いということの一方で，最低限のルールづくりと，これを守る風土を醸成する必要も出てくる．小さなルール違反の蓄積が，大きなリスクとならないように留意しなければならない．部門間の情報伝達ミスが，思わぬ損害につながる可能性もあり，これを防止する必要がある．

ISOシステムの導入を決意する前に，この［ステップ2］で作成する「プロセスフロー図」の説明を聞いて，社長はすぐに，まさに，上記に代表される自社の抱えるリスクへのうってつけの取組みと感じたのである．

N社のメインプロセス(製品実現のプロセス)は，QMS体系図の作成を通じて，受注，設計，調達，施工，保守のそれぞれのサブプロセスからの構成と決定した．さっそくそれぞれのプロセスごとに「プロセス強化プロジェクト」を編成させてこのフロー図の作成作業に入った．

最初は，あえてISO 9001の要求事項をまったく考慮せずに，実態の作業の流れをそのまま記述したものを作成した．設計プロセスの作成例が**図4.8**である．

次に，規格の要求事項をこのフロー図に当てはめた．以下，図4.8と**図4.9**を対照させながら読むとよい．

できたフロー図(図4.8)を見ると，その上流で，受注プロセスの最後の流れが出てきている．仕事の流れからすれば当然のことであるが，プロセスを管理するという視点から，これは受注プロセスにもっていき，むしろ，受注プロセスからのアウトプット，すなわち，設計プロセスへのインプットを明確にするようにしたほうがよいとされた．

「設計へのインプット」は，設計のスタートとなるきわめて重要な情報であり，もれなく準備することが肝要である．規格はこれをうまく整理してくれているので，これを利用してインプットとなる項目を明確にし，それらの情報の埋め込まれている文書を，フロー図上に具体的に記述することにした．

次に，図4.8の上部にある「単独設計・見直し」から下部にある「フ

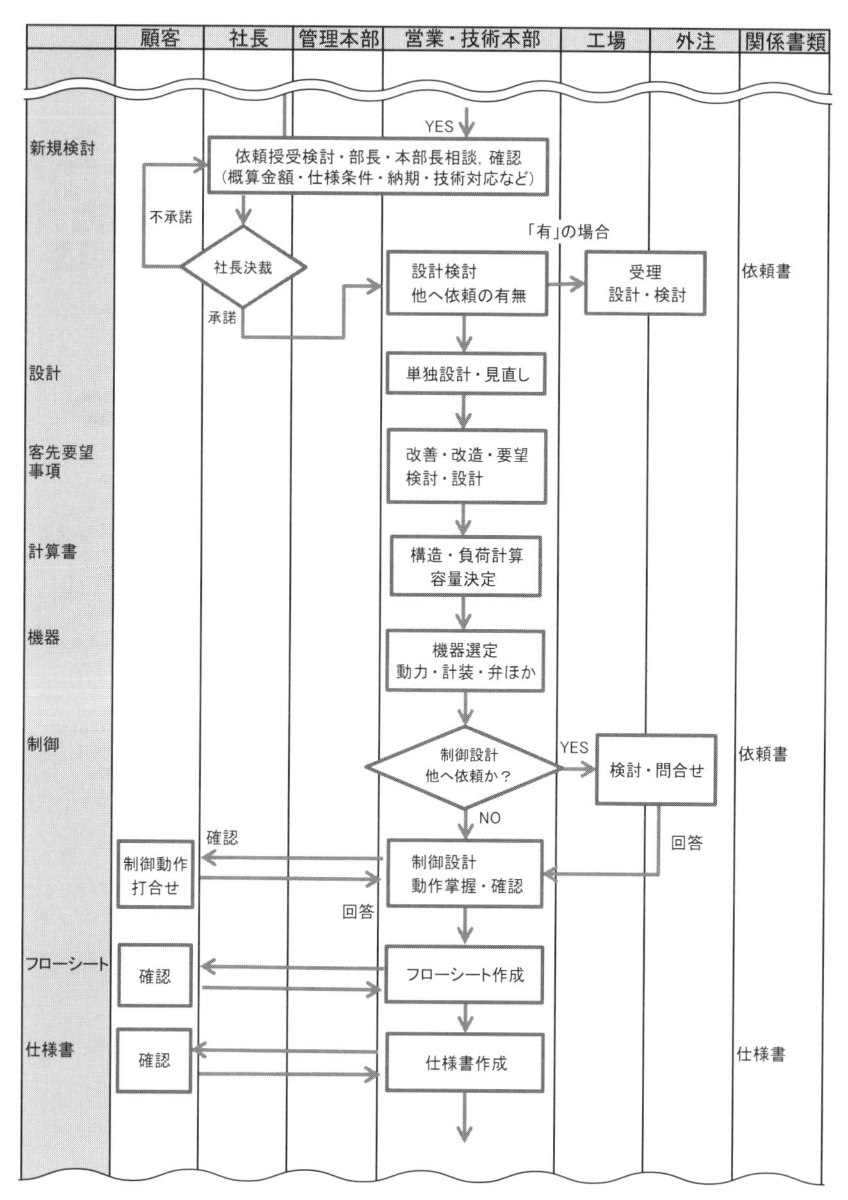

図 4.8 N 社の最初の「設計プロセスフロー図」

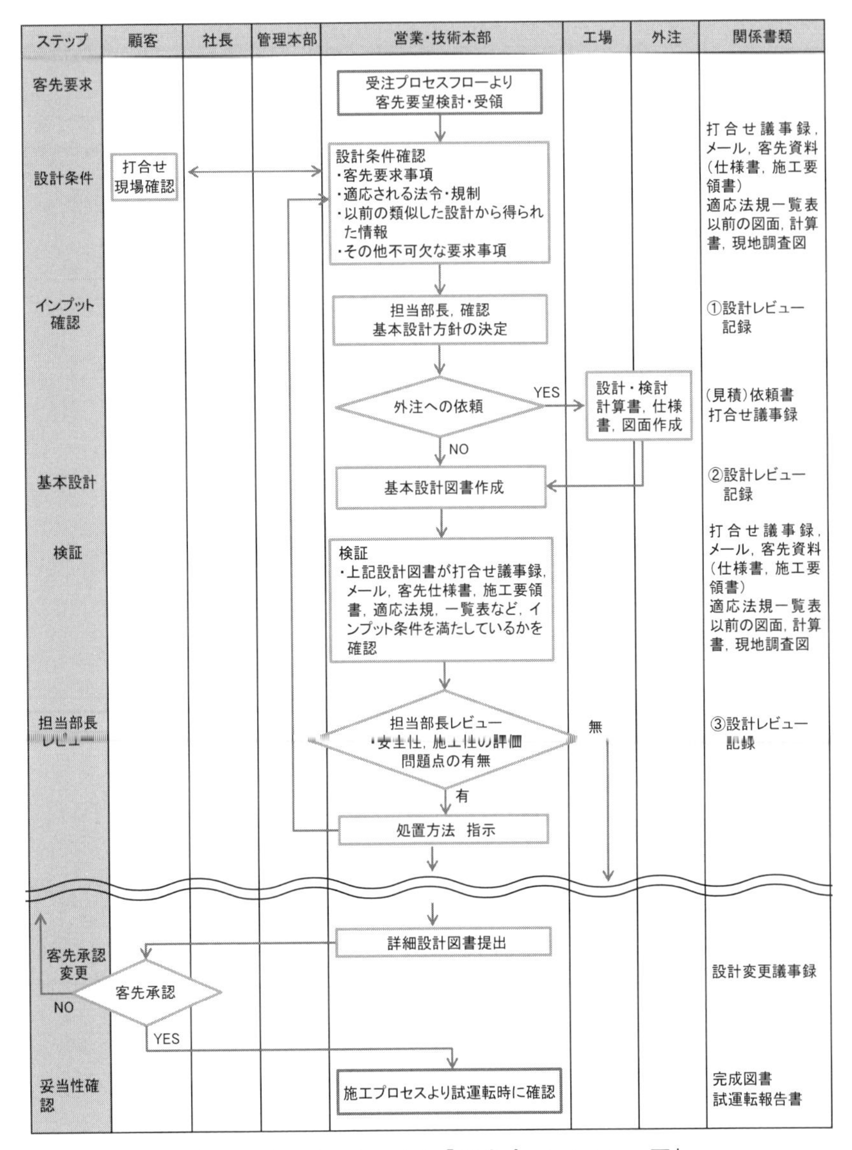

図4.9　N社の見直し後の「設計プロセスフロー図」

ローシート作成」へとつながっていく一連の業務は，設計そのものの重要な作業である．ただし，これを確実に行うための管理の手順が，ここでは記述されていない．そこで，この手順はフロー図上では，単純設計と詳細設計に分け，これらの実務的な手順は，別の手順書に落とし込むことにした．

さて，その管理手順について，ISO 9001 規格の「8.3.4　設計・開発の管理」の規定を利用して，実態の管理作業を，以下のように見直しをした．

「設計検証」については，設計をした本人が，それまでに顧客との打合せや，社内の関係者や，外部の業者と打合せをした内容を確実に満足させたものかどうかについて確認をして，その証として設計図面などのアウトプット文書に捺印または署名をしているが，そのことがあまり明確なルールとなっていない．これは徹底したほうがよい．

「設計レビュー」については，適宜，その上司が相談相手になって助言を与えたり，少し大きな案件については，全国拠点や部門責任者が定期的に集まる会議で，他の部門の人々のレビューを受けており，それらの結果として，本部長の承認を受けている．社内の知識や技術では不足するようなときには，専門の業者や専門家に相談している．これらのことは，“ひとりワンプロジェクト”を支える大事な行為であり，この主な手順をフロー図上で明記し，詳細な基準は手順書や様式等に明確にした．

「設計の妥当性確認」については，当社では，工場内には製作した設備を据え付けて評価ができる環境を作ってあり，必要なものはここで実際に稼働させて確認をしているが，これはすべての設備で実施するわけではない．当社の製品は，基本的には，顧客の施設内で施工して完成させるものなので，前述の評価をやらない場合でも，完成後は，必ず顧客の立ち合いで試運転を行う．このときの評価結果で設計の妥当性確認を確実に行うようにした.

また，これらの手順を徹底するための手段としても，記録をする習慣づけが大事であることも認識されてきた．そのためには，どの段階で，どこに記録するのかということを決めておく必要が出てきたために，この記録名をフロー図上に明記するようにした．ただし，いずれも，新たに記録のための帳票を作るのではなく，業務の流れの中で使っている文書を利用して，自然に記録ができるように工夫をした．このことにより，記録を残す人や残さない人，記録を残すときや残さないときのばらつきをなくし，ひいては，大事な業務の抜けが防止できるようになった.

このようにして，規格の要求事項を利用して見直し・強化して完成したN社の「設計プロセスフロー図」が，図4.9である.

N社では，すべてのプロセスについて，このように現状の実態業務をフロー図に可視化し，これにISOの要求事項を重ねることを通して，自社の管理面での弱点に気づき，必要な部分をムリせずに強化をしていった.

社長は，編成してあったすべての「プロセス強化プロジェクト」の推進状況について毎月経営会議で報告を受け，直接に指示もした．経営者の立場からいうと，[ステップ1] で表したISOの導入に乗せた“思い”が，QMSのプロセスの中に具体的に埋め込まれていったのである.

【再構築後の状況】

その後，ISO 9001の要求事項や，リスク/機会への取組みを埋め込んで強化したプロセスの運用が継続して，3年余が経過していった．この間に，その成果も出てきている.

例えば，前述の「設計プロセス」では，設計のインプット情報がもれなく確実にされ，しかもこれが，新たに導入された社内コンピュータシステムの利用により，効率化も進んできた．また，法的な要求事項についての情報が確実にチェックされ，順法対応が安心できるようになった．これらの効果は，特に官公庁からの受注物件に強みをもてるようになった．

N社の“ひとりワンプロジェクト”も，一人ひとりの力量は，他社を大きく凌ぐものになっている．しかしながら，最近の世の中(特に業界)の流れである“人手不足”の影響は他聞に漏れずN社にとっても大きなリスクとなってきた．N社が顧客価値を提供して成功するシナリオのコアとなり，社長の経営方針の柱である“ひとりワンプロジェクト”で他社に圧倒的に高いレベルで養成された技術者を安定的に確保することが大きな課題となってきているのだ．

［ステップ3］で述べる「顧客価値経営」では，変化が急で激化する現代は，「革新」が重要であるとしている．［ステップ3］の［手順7］では，影響の大きな変化に対しては，革新を伴うことも必要であり，新たな「顧客価値創造」も必要になることもあると説明している．今この課題に対して，社長は，施工現場への女性技術者の進出による新たな組織能力の創造と，この人たちによる新たな顧客価値の創造を期待して，革新の取組みを始めている．

経営者と管理責任者，事務局は，顧客価値経営の要素を吹き込んで再構築したこのQMSを，経営のためのツールとして，うまく活用することを考えながら活動を展開し，運用している．

(2)　TP社の事例 ―業務プロセスを見直して競争力を強化する―

TP社では，［ステップ1］で，当社の競争力の維持・強化に関連するリスク/機会と，この課題が決定された．次はこの課題を実際に取り組む業務プロセスを明確にしておくことが必要となってきた．TP社に既存の「経営指針」の中には，一部の手順は文書化されているが，体系的な全貌は見えにくかった．

[ステップ2] の作業として，TP 社の主な活動を可視化した QMS 体系図を作成した．この結果，TP 社のメインプロセスとしては，①営業・販売プロセス，②生産・制作プロセスがあり，これを支援する③支援プロセスと，全体を経営視点から管理する④経営プロセスと，改善全般を推進する⑤改善プロセスの５つが特定された．

そして，それぞれのプロセスについての実態業務をフロー図に可視化して，これに規格の要求事項を当てはめた．その結果わかってきたのは，改善プロセスの甘さであった．製造工場などでは，製造工程で発生する不良の情報は記録され，これが分析されて改善に結びつけていくことがよくやられている．ところが，ホームページやチラシなどの企画・デザイン業務を行う「生産・制作のプロセス」で発生した不具合は，これがデータであることもあり，潜在化しやすい．これを顕在化させて改善につなげるしくみが弱いことがわかってきて，この管理のしくみを強化した．

具体的には，生産・制作部門(プロセス)の中に，「ミス・ロス 0(ゼロ)委員会」を設置して，ここで TP 社に従来から手順書としてある「案件ルールブック」の中身を予防の観点から充実させていくことにした．さらには，「打合せシート」の運用による予防処置と，顕在化した不具合に対する再発防止ができる手順も明確にして運用することにした．この中では，特に運用のポイントとなる「下版データの最終校正の運用基準」を明確にした．さらには，失注案件に対する分析・対策も含み，潜在化している顧客満足の状況も監視して改善に結びつくようにもした．

また，[ステップ1] により，TP 社の競争優位要因に焦点を当てた外部及び内部の状況から引き出された，自社の課題への主要な取組みとしては，“広告の PDCA 強化”が決定された．

この取組みは，営業・販売部門の目標達成活動の中に組み込まれ，新たな３つの実施項目を決めて，運用することとなった．３つの取組みとは，①企画営業同行の定着化，②アフター営業の実施，③CS アンケートからの課題解決である．

これらの手順は，TP 社には，［ステップ 1］でも紹介しているように「経営指針」という既存の計画書があるので，この中で明確にした(**図 4.10**)．

以上のようにして，TP 社では，ISO 9001 の導入を契機として，自社の競争力を上げていくための QMS を構築したのである．

なお，もう一つ特筆しておきたいのは，TP 社の品質と環境を統合したマネジメントシステムは，［ステップ 1］の事例で紹介した「経営指針」と，［ステップ 2］で作成した「プロセスフロー図」によってほぼ構築された，ということである．いわゆる「品質マニュアル」とか「環境マニュアル」というような，マニュアル類は一切つくらずに，自社の既存のシステム文書への補強によって，まさに TP 社独自のマネジメントシステムが構築されたのである．

【構築後の経過】

構築段階では，現状業務の実態をありのままに可視化し，これを基盤として自社の競争力が発揮できる“あるべき姿”に対するギャップを把握して，これを埋めるために運用や監視の手順や基準を強化することでしくみや業務の改善を進めてきた．

その中の一つに，「アフターフォロー営業の強化」があった．広告を販売した後のフォローアップをしっかりとしていただろうか？　この活動については，営業担当者間でのばらつきも大きく，その成果にも差があった．そこで販売後の顧客満足に関する情報収集とこの活用の手順と基準を明確にして活動を開始したところ，成果はすぐに現れ，次の受注につながる事例も出てきた．

しかしながら，これは長続きしなかった．改善のきっかけとなるネガ

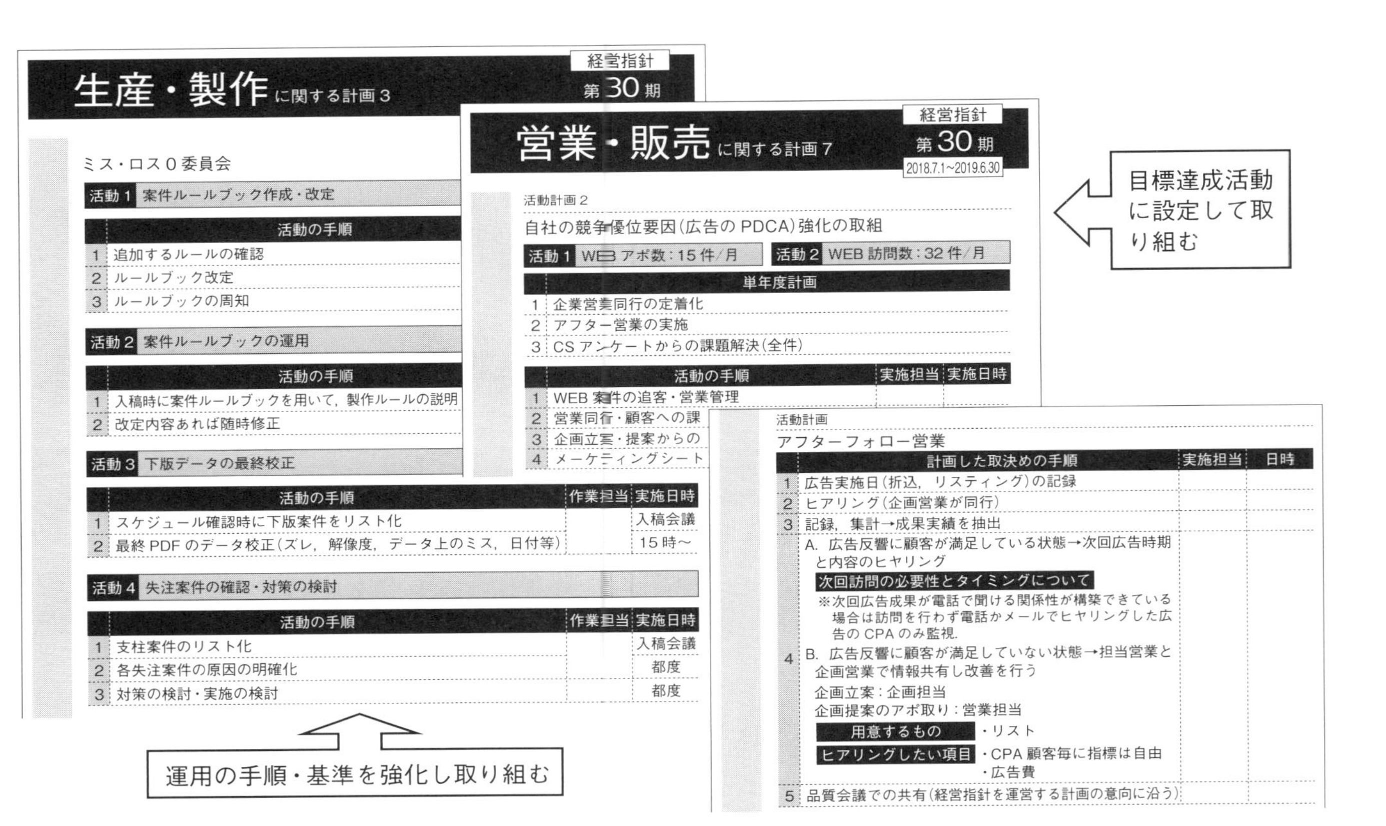

図 4.10　TP 社で新たに追加した目標達成活動計画と強化した運用手順（「経営指針」から抜粋）

ティブな情報が上がらずに途絶えてしまうのである．対応の仕方も表面的になり元の木阿弥になりそうであった．このことは，新たに強化して取り上げた運用の手順や基準すべてに現れ，運用に障害が出始めた．これは，トラブルが発生したときに，そのありのままを素直にコミュニケーションできる企業風土が培われていなかったことに根本的な原因があったのである．

構築したQMSの中でこれを考えると，内部環境の状況と，ここから発生するリスクからの課題が，運用により新たに見えてきたのである．マネジメントレビューにより，この課題に対する取り組みが決定され，さっそく社内のコミュニケーションがよくなることをねらいとした次のようなオリジナルプログラムを考え，実践することになった．

- 「罪を憎んで人を憎まず」，「すべての責任は管理責任者とする」というメッセージの発信
- 社員間の関係の質を上げるワークの実施（朝の時間に20分程度を使って「行動指針」に関するエピソードを述べたり，チーム編成して設定したテーマの意見を述べ合い，コミュニケーションをとるワークなどを定例化）
- “クレドの木活動”の展開（個人ごとの枝に，行動指針や業務改善で活躍した人に気づいた人がメッセージを書いたカードを貼って認め合う活動）（**図4.11**）

今，TP社ではこのような活動により，素直に言うことが言え，社員間でお互いに認め合い，健全なコミュニケーションが取れるような企業風土の醸成を進めている．

今回のISO 9001を契機としたQMS構築とその取組みは，確かにTP社の成功への道をこれまで以上に示してくれた．しかしながら，その成果を得るための運用には，新たな課題を1つずつ乗り越えるための自社独自の取組みを考え，実践していくことの重要さを今噛みしめている．

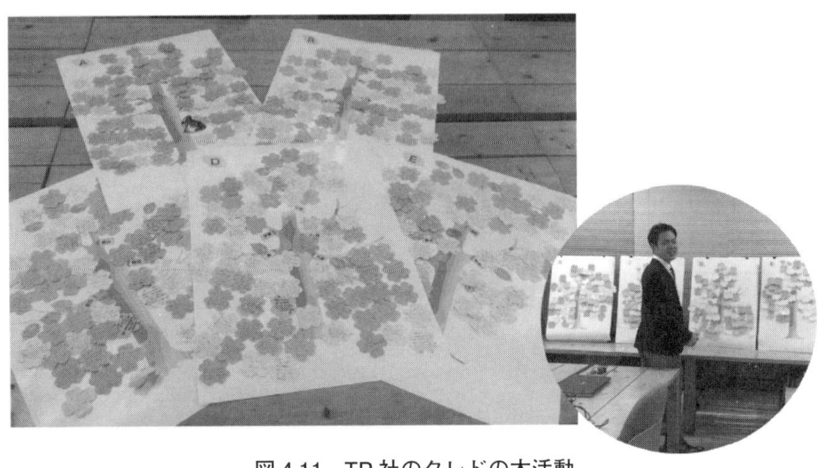

図4.11　TP社のクレドの木活動

構築したQMSはこの枠組み(状況に対応して課題を更新して取り組むこと)も準備されている．経営者と推進責任者は，これからも，ISOの活動と顧客価値を提供し続けて事業を成功するための経営管理の道具として，うまく活用していこうと決意している．

第5章

[ステップ3]
持続的成功のためのQMS

[ステップ1], [ステップ2] で強化されたQMSをベースにして,「事業成功のシナリオ」を描き, これを持続的に実現できる品質経営(顧客価値経営)に進化させる.

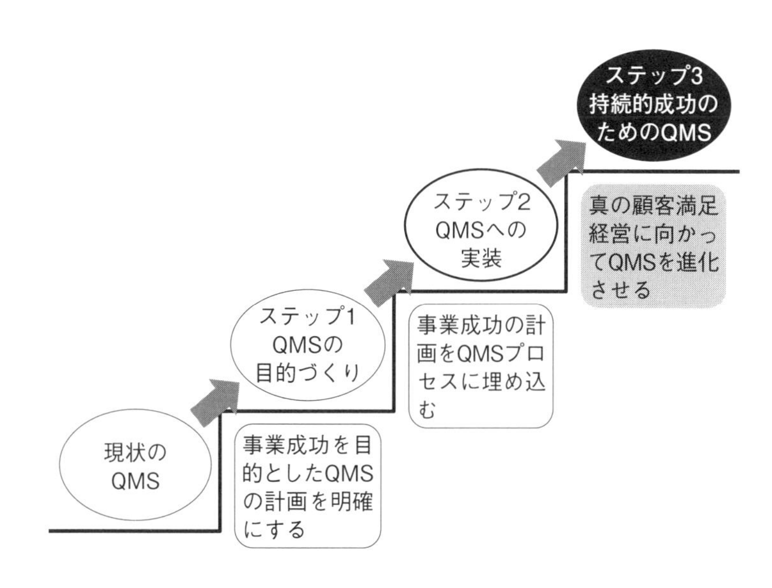

ステップ3
持続的成功のためのQMS
真の顧客満足経営に向かってQMSを進化させる
ステップ2
QMSへの実装
事業成功の計画をQMSプロセスに埋め込む
ステップ1
QMSの目的づくり
事業成功を目的としたQMSの計画を明確にする
現状のQMS

5.1 「顧客価値経営」(真の顧客満足経営)とは

[ステップ1] では，ISO 9001を導入して運用する目的を「事業の成功」と明確にし，この目的を達成するために必要な課題と取組みを，自社のもつ競争力を軸にしながら，ISO 9001：2015規格で追加要求となった4.1項，4.2項，6.1項の枠組みを利用して決定した．

[ステップ2] では，決定したその重要な課題と取組みを，ISO 9001で規定する「プロセスアプローチ」をうまく活用して，マネジメントシステムの中に埋め込む方法を説明してきた．

さてこの [ステップ3] では，これらのステップを経て構築されたマネジメントシステムを，「品質経営」の側面からさらにチューンアップして，真の顧客満足を柱としたマネジメントシステムへと進化させることをねらいとしている．

この究極の姿を「顧客価値経営」と呼び，詳しくは第1章で説明しているが，これを一言で述べると，「顧客価値を提供し続けることによって，事業が持続的に成功することを目的とする活動」である．そして，その顧客価値を提供するための競争優位要因を明確にして，この能力をQMSの中に実装して，徹底的に維持・強化し，運用していくことが，その活動の中心となっている．

この後の説明で誤解のないように，上記で下線を引いた3つのキーワードについて，ここで改めて以下に説明する．

■顧客価値：製品/サービスを通じて提供される，顧客が認める価値．提供された製品/サービスを消費，使用する際にお客様が感じる効用，メリット，有効性のこと

■持続的成功：提供された顧客価値が，顧客に高く評価されるこ

と．その結果として，財務的な好業績を継続的に維持できる
■競争優位要因：競争環境での価値提供において優位の主要因となる組織能力

5.2 ［ステップ 1］,［ステップ 2］から「顧客価値経営」への進化の道筋

［ステップ 1］,［ステップ 2］のように構築されている QMS は，以下のことを充実させていくことにより，持続的成功につながる「顧客価値経営」へと進化していくことができる．一から新たに「顧客価値経営」を構築していくよりも，はるかに近道となっている．

① ［ステップ 1］で特定した，事業成功のためのキーとなる「顧客価値」を，より深く分析して的確に特定する．

② ［ステップ 1］では,「自社の競争力となる組織能力」を軸にして，事業環境やリスク/機会を特定した．［ステップ 3］では，この組織能力を,「自社が提供する顧客価値を生み出せる能力」と明確に意識して特定する．また，その中で「自社のもつ特徴」からつながる組織能力を「競争優位要因」として特定する．

③ ［ステップ 1］では,「利害関係者とその要求事項」を単純に特定した．［ステップ 3］では,［手順 5］で「利害関係者」については，自社の「事業に登場するプレイヤー(事業主体者)」と捉え，これらの人々の間での「価値の連鎖」を意識しながら，事業構造として動的に捉える．

④ ［ステップ 1］では,「リスク/機会」を，自社の競争力になる組織能力に影響を与えるものとして比較的大まかに捉えていた．［ステップ 3］では,「特徴－能力－顧客価値」の 3 つを事業の中核と

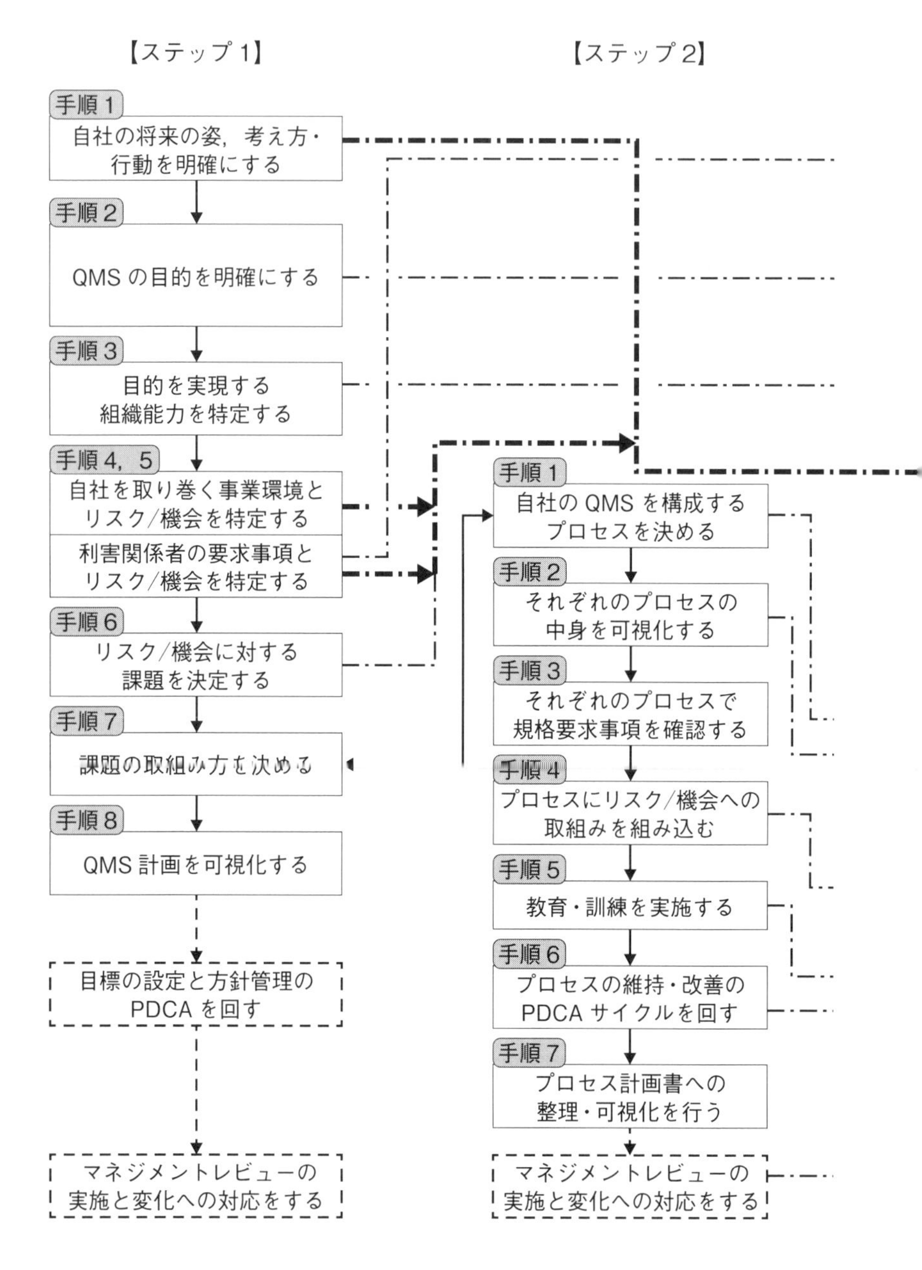

図 5.1 ［ステップ1］，［ステップ2］から

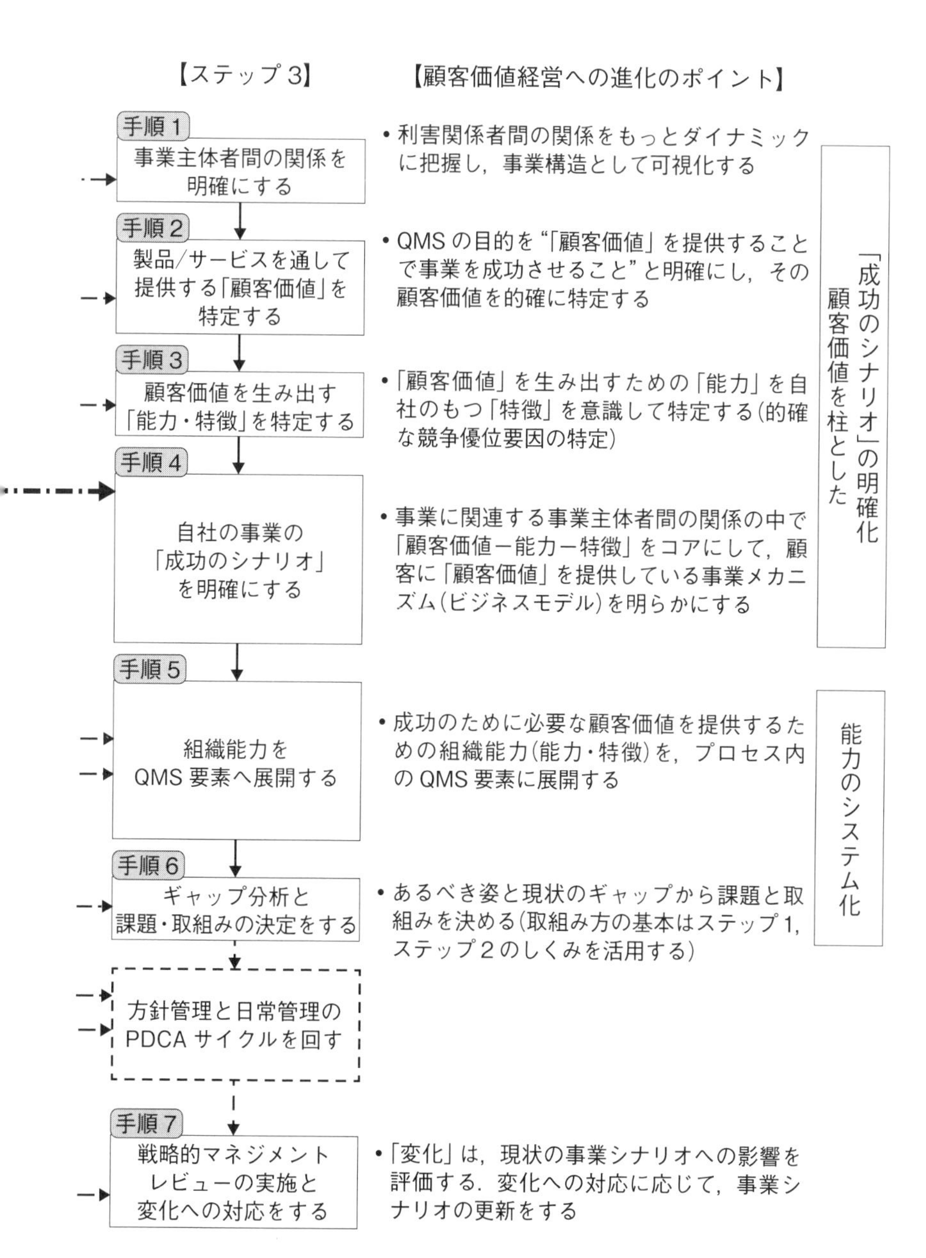

【ステップ3】
【顧客価値経営への進化のポイント】
手順1
事業主体者間の関係を明確にする
• 利害関係者間の関係をもっとダイナミックに把握し，事業構造として可視化する
手順2
製品/サービスを通して提供する「顧客価値」を特定する
• QMSの目的を“「顧客価値」を提供することで事業を成功させること”と明確にし，その顧客価値を的確に特定する
手順3
顧客価値を生み出す「能力・特徴」を特定する
• 「顧客価値」を生み出すための「能力」を自社のもつ「特徴」を意識して特定する(的確な競争優位要因の特定)
手順4
自社の事業の「成功のシナリオ」を明確にする
• 事業に関連する事業主体者間の関係の中で「顧客価値－能力－特徴」をコアにして，顧客に「顧客価値」を提供している事業メカニズム(ビジネスモデル)を明らかにする
顧客価値を柱とした「成功のシナリオ」の明確化
手順5
組織能力をQMS要素へ展開する
• 成功のために必要な顧客価値を提供するための組織能力(能力・特徴)を，プロセス内のQMS要素に展開する
手順6
ギャップ分析と課題・取組みの決定をする
• あるべき姿と現状のギャップから課題と取組みを決める(取組み方の基本はステップ1，ステップ2のしくみを活用する)
能力のシステム化
方針管理と日常管理のPDCAサイクルを回す
手順7
戦略的マネジメントレビューの実施と変化への対応をする
• 「変化」は，現状の事業シナリオへの影響を評価する．変化への対応に応じて，事業シナリオの更新をする
：本書で特に説明していない部分

［ステップ3］「顧客価値経営」への進化の道筋

して明確にし，このそれぞれの要素に影響するものを「リスク/機会」として鮮明に捉える．

⑤ ［ステップ3］では，新たに，顧客価値を持続的に提供して，事業が持続的に成功するための「成功のシナリオ」を，自社の将来の姿，利害関係者との関係，自社のもつ「リスク/機会」などを考慮して可視化する．

⑥ 自社が顧客に対して顧客価値を提供するための組織能力をプロセスレベルに展開し，これを発揮させるための「QMS要素」の「あるべき姿」を明確にする．そして，これと「現状とのギャップ分析」をして，「能力のシステム化」を図る．

これらの［ステップ1］，［ステップ2］のそれぞれの手順と，［ステップ3］の手順とのつながりと，これを進化させるポイントを**図5.1**に示す．

5.3　［ステップ3］の手順

［ステップ1］と［ステップ2］で実施したことを活かしながら，本書で目指す「顧客価値経営」に導くための［ステップ3］の手順の流れを改めて示すと，以下となる．以後は，この流れに沿って説明をしていく．

手順1：事業主体者間の関係を明確にする
手順2：製品/サービスを通して提供する「顧客価値」を特定する
手順3：提供している顧客価値を生み出す「能力・特徴」を特定する
手順4：自社の事業の「成功のシナリオ」を明確にする
手順5：組織能力をQMS要素へ展開する
手順6：ギャップ分析と課題・取組みの決定をする
手順7：戦略的マネジメントレビューの実施と変化への対応をする

① 戦略的「マネジメントレビュー」の実施
② 変化への対応

【手順1】 事業主体者間の関係を明確にする

自社の製品やサービスは，さまざまな組織や人々の関わりの中で，実際にそれを使用するエンドユーザーに届けられる．

ゴム製品(ワッシャー)を製造しているT社の例でいえば，ゴム材料メーカーや材料商社から材料を仕入れ，これを使って自社内や外部の協力企業によって製造し，出来上がったものは，物流業者によって自動車部品メーカーに届けられる．さらに，ここで作られた部品は，その先の自動車メーカーによって自動車に完成されてエンドユーザーに届けられる．そしてそのつながりの中にある競合他社や，さらには顧客が使用している協力企業や顧客の競合会社も，T社の事業に影響を与える事業者である．

このように，自社の事業に登場してくる主な事業主体者(事業プレイヤー)と，その関係を可視化したものが，**図5.2**である．これによって，当該事業の輪郭(事業構造)が見えてくるが，さらにこの関係を「価値の連鎖」を意識して見ていく．

この関係の中でコアにあるのは，自社から顧客へ提供している「顧客価値」であり，この価値を生み出すために，それぞれの事業主体者との価値の受け渡しがある．自社価値を受け取るのは，「顧客価値」を生み出すためであり，その価値が最大の効果を出せるように受け取る．自社から価値を渡すとは，例えば，受け取った価値に見合った金銭的な対価が代表的なものである．公的な支援機関など非営利団体や金融機関などから受けたサービスなどに対しては，金銭的な価値ではなく，自社の好ましい経営状態などの場合もある．

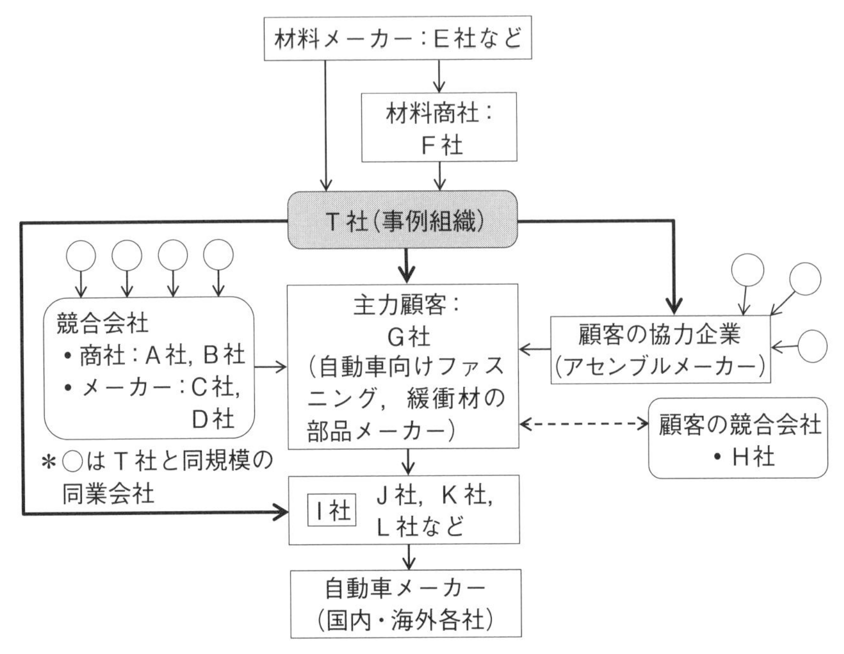

図5.2　T社の事業に登場する事業主体者とその関係図

ISO 9001の規定する「利害関係者の要求事項」との関係をこのように考えてみると，“利害関係者”とは，図5.2に登場する事業主体者であり，“要求事項”とは，自社から事業主体者に渡される価値の中に存在するともいえるであろう．このようにして，[ステップ1] で特定した利害関係者の要求事項を，もっと動的に深く捉えることによって，自社の事業の構造をさらに明らかにすることができる．

この状態を可視化しておくことは，この後に続く，「顧客価値」の特定や，競争優位要因となる「組織能力」の存在や，「成功のための事業シナリオ」づくりの出発点ともなる重要な把握でもある．

【手順2】　製品/サービスを通して提供する「顧客価値」を特定する

高度経済成長期やそれ以前に起業した多くの企業では，これを継いだ

2代目，3代目の経営者が「親父の時代は，作れば売れる時代だったけど，俺の時代はがらりと変わってしまった」と嘆いたが，これを顧客価値の視点で見ると，以下のようなことである．

高度経済成長の時代は，消費者は「今まで手にしていなかった新たな機能や効用」をもった良質廉価な工業製品を求め，そしてメーカーはこれに応えるために，「不良やばらつきのない品質と合理的なコスト」という「顧客価値」を提供すれば，事業は成功する時代だったのである．ところがモノがあふれた成熟経済社会になると，ニーズの多様化，高度化，複雑化が起きて，かつての「顧客価値」は通用せず，顧客層や顧客に合わせた価値に変化したのである．

したがって，現代において企業が成功するためには，時代とともに変化した「顧客価値」を探すことが出発点となる．そんなことは自分のことだから自分でよくわかる，と思われるかもしれないが，案外と，自社が思っている価値が独りよがりであったり，思わぬ価値を顧客が認めてくれていたりするものである．これを間違えていると，空回りしてしまう．

自社の「顧客価値」を特定するときに留意しなければいけないのは，最終的な購買権限をもっているバイヤーだけでなく，その購買に影響力をもっている人たちも思い浮かべることが必要である．例えば，顧客の社内では，製品の設計者や，提供された部材を使用している製造者や，施工をする人たちが求める価値も無視できない．顧客の社外にも目を向けると，それぞれの組織で作成した図5.2の関係図の中で登場してくる，問屋や商社，顧客の先の顧客，顧客の親会社などさまざまな人たちも，それぞれ違った価値を求めている（**図5.3**の右側）．

このようなさまざまな人たちの偽りのない生の情報が収集できればベストであるが，なかなかそのような機会がもてない場合は，自分たちで考えなければならない．また，顧客に聞くにしても，「顧客価値」とはどのようなものなのかを理解をしておかなければならない．

製品品質	サービス
• 精度が高い • 耐久性がある • 品質のばらつきが少ない • 見栄えがよい	• 顧客のきめ細かな要望に対応 • 顧客にアイデアや情報を提供 • 顧客の販売メリットを与える • 顧客の手間を少なくする
使用性	**コスト**
• 便利である • 使いやすい • メンテナンスしやすい	• 購入価格が安い • ランニングコストが安い • トータルコストが安い
納入	**満足感**
• 短納期に対応する • 指定納期を守る • 小ロットでも対応する	• 安心できる • 高級感を与える • 癒し感を与える，楽しい
技術	**社会性**
• どんなことでもこなす • 顧客にない技術を提供する • 高度な技術を提供する	• 環境によい • 社会や地域に貢献する • 廃棄しやすい

顧客価値提供の対象者
• 顧客(使用者) 　－バイヤー 　－設計者 　－製造者，施工者 • 顧客の先の顧客 • 顧客の親会社 • 問屋，商社 • 施工業者

図 5.3　顧客価値特定のヒントと価値提供対象者

「顧客価値」を考えるときの基本質問としては，次の3つを考慮するとよいであろう．

> Q1：競合組織ではなく，自社の製品を顧客が選んでくれる理由は何か？
> Q2：顧客から自社に注文が続けてきている理由は何か？
> Q3：顧客とのビジネスを(すべて)失う可能性がある，避けるべき失敗とは？

また，自社の提供している顧客価値を特定するときには，図5.3の左側のようなキーワードを手がかりにするとよい．

ただここでは，あくまでもこれらを“手がかり”にして，自社独自の状況を踏まえた具体的なものにすることに留意してほしい．B to Bと，B to Cではだいぶ違ってくるが，ここではB to Bの例として，事例企業各社の特定した顧客価値を紹介しておくので，参考にされたい(**表5.1**)．

【手順3】 提供している顧客価値を生み出す「能力・特徴」を特定する

「能力」については，［ステップ1］の［手順3］で説明をしているのでこれを参照されたい．ただし，基本は同じであるが，ここでは自社の

表5.1　実際に特定した顧客価値の例

企業	顧客価値の例	図5.3(左側)の分類
T社(ゴム製品製造業)	①　顧客の納期管理の手間を軽減する ②　顧客のラインの自動化など，現場の変化にも対応できる ③　顧客の組織内で発生したトラブルや問題に対して的確迅速に解決案を提案・実施する	• 納入 • 使用性 • サービス
N社(機械製造・設置業)	①　顧客の少ない手間で(要求にあった設備を適切な価格で)提案する ②　導入後の管理が楽で，ランニングコストが低い ③　顧客の事情をよく理解して，スピーディに対応する	• サービス • 使用性，コスト • サービス
TP社(広告代理店)	①　顧客の商売が繁盛する ②　顧客の(広告・宣伝を考え，実行する)手間を省く	• 満足感 • サービス

競争優位要因を的確に特定するために「特徴」の要素が加わってくる．

例えば，[ステップ1]，[ステップ2] の事例で紹介した食品関係設備の製造・施工業を営むN社では，70年という長い社歴をもっていることが，「特徴」となっている．また，この70年の中では，ある特定温度帯の技術を中心にして受注しているという「特徴」もある．時折，「自社の強みは「顧客との長いつき合い」である」と言う言葉を聞くこともあるが，これはあくまでも「特徴」であって，このことが有利になる面もあれば，逆に不利になる面ももっており，いわば“中立”である．しかしながら，このような「特徴」を使って，顧客の中に深く入り込んでお客様の困っている情報を掘り起こし，70年の歴史の中で培った「組織の知識」(固有技術)を使って提案する能力は，このような「特徴」をもたない他社に対して優位となっている．そして，この「特徴」を活かした能力を使うことによって，「顧客の困っていることを解決してあげる」という他社よりも高い顧客価値を提供することができる．このように，競争優位要因とは，他社にない自社の「特徴」と組織のもつ「能力」がペアになって，より強固になるのである．

逆に考えると，このような「特徴」が活かされなくなったときが，競争力が低下するときである．70年という社歴が効を奏さなくなるような外部環境の変化，例えば，顧客内でのバイヤーの世代交代や，70年の歴史の中で培った技術が陳腐化するような新しい技術の台頭などの影響で，競争力がなくなり失注していくことがリスクとなっていく．[ステップ1] の「リスク/機会」を，深く特定するには，実は，その競争力の根拠としていた「特徴」に影響を与えるような，外部や内部の状況にも考慮する必要がある．

このように特定した「特徴－組織能力－顧客価値」の関係を，ここでは「顧客価値提供構造」と呼び，これを一般的に図示したものとN社の例を，**図5.4** に示す．

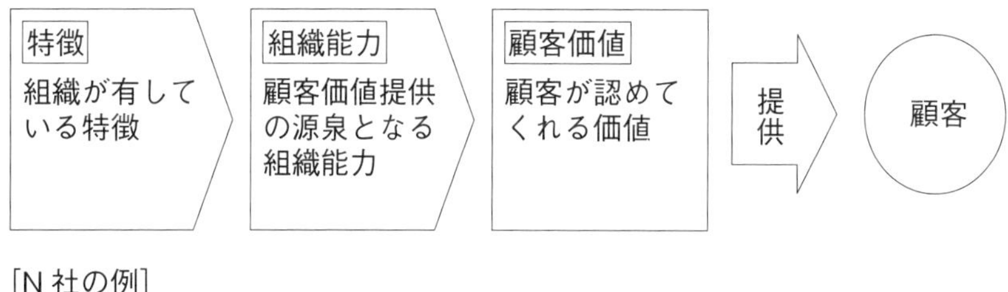

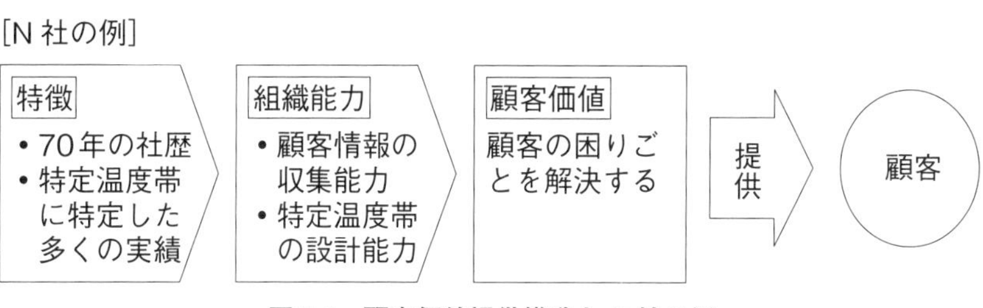

図 5.4　顧客価値提供構造とN社の例

また，組織のもつ固有の特徴を引き出すための考え方を**図 5.5** に示すので，参考にされたい．

もう一つ留意しておきたいのは，自社の優位性を確保できる“競争の場”の明確化である．ここで出てくるのが，［手順1］で作成した図5.2の「事業主体者の関係図」である．T社の例でいうと，T社は規模で見ると，競合他社を顧客としている企業(図中の○印)であるが，それらと戦っているのではない．T社より規模の大きなA，B，C，D社と，同等もしくはそれ以上のT社独自の生産管理力による，その小回り性で戦っている．したがって，その小回り性を特に必要としている国内工場向けの市場を戦いの場としているのである．この場で戦える能力が競争優位要因でもあるのだ．

この“競争の場”やその状況を正しく認識することは，自社の「顧客価値」や「組織能力」，そして次の［手順4］にとって重要なことである．同じことは，事例企業のTP社の中にも出てくるので，参照されたい(3.3節［ステップ1］の事例(2))．

- 内部経営資源
  - フロー型経営リソース
    - 労働量，原材料，設備，資金
  - ストック型経営リソース
    - 固有技術，人の能力・スキル，従業員との関係
  - 組織風土，文化，価値観
    - 愚直で誠実な従業員，自由に意見を言える風土，挑戦的な課題・変化に積極的に挑む風土　など
  - MS(マネジメントシステム，仕組み)そのもの
    - 生産システム異常発見システム，人材育成の仕組み，体系的な設計，レビュー方法，原価管理システムなど

- 外部との関係性に関わる経営資源
  - パートナーとの関係
    - 部品供給者，技術開発支援者，販売代理店・商社，国・地方行政
  - 顧客との関係
    - コア顧客との太いパイプ，良い評判，ブランド

出典）金子雅明：「超ISO企業が提案するISO 9001：2015対応」，『アイソス』，No.225，2016年8月号，p.20，システム規格社

図5.5　自社固有の「特徴」の考え方

【手順4】　自社の事業の「成功のシナリオ」を明確にする

自社の事業のコアとなる顧客価値提供構造(自社の特徴－組織能力－顧客価値)を中心に据えて，その回りに，［手順1］で明らかにした顧客やパートナーを含む外部の利害関係者との関係を加え，その事業者間の価値移動の様子を見えやすくすると，これが，会社の事業を動かしている「事業メカニズム」として可視化される．さらに，これに自社の戦略や方針など，経営者や経営層の意図・目論みを埋め込んでいくと，「成功のための事業シナリオ図」(単に「成功のシナリオ」とか「成功の事業シナリオ」と呼ぶ場合もある)となっていく．百聞は一見に如かず，ということで，まずはT社の例を参照してほしい(**図5.6**参照)．

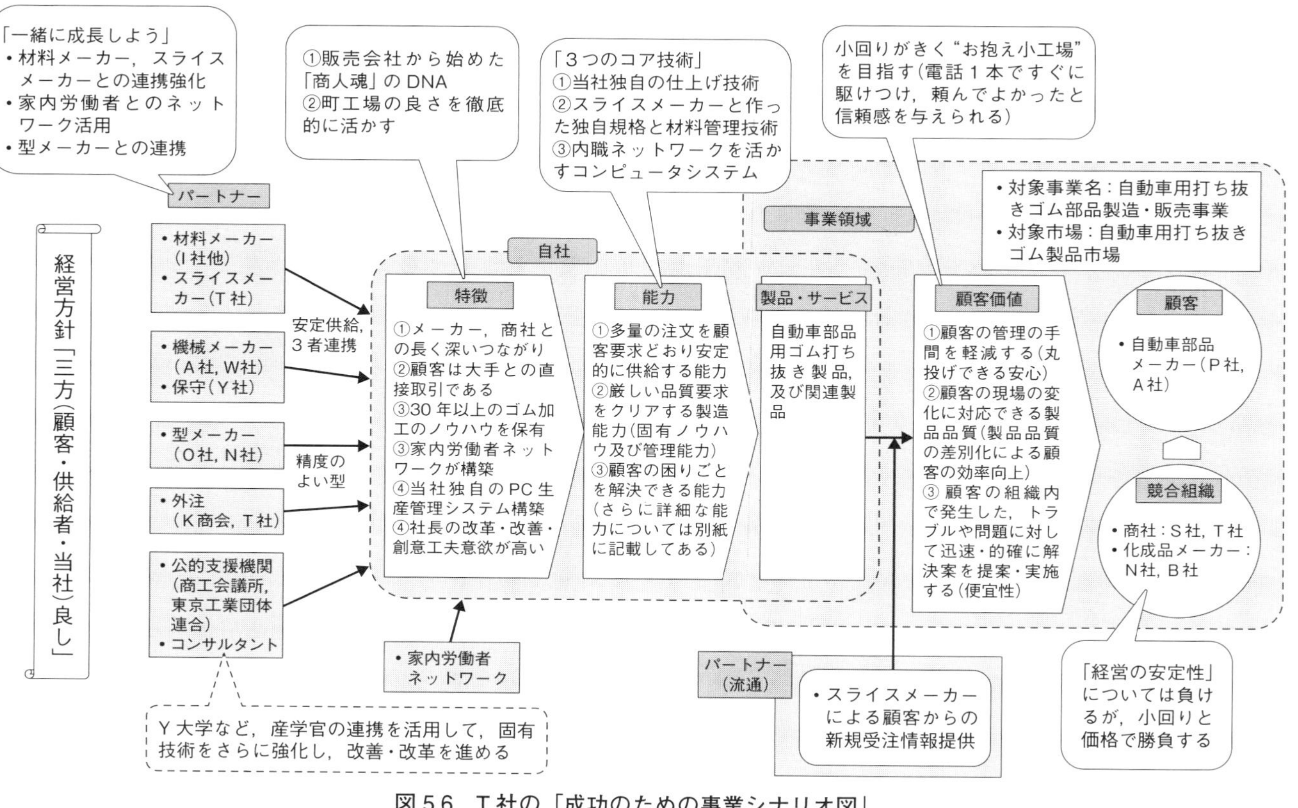

図5.6 T社の「成功のための事業シナリオ図」

このような「事業シナリオ図」を作成することで，経営者(事業所長などマネジメントシステム上の経営者も含む)が，自ら経営する事業のメカニズムとその方向性を整理しておくことにより，常に大局的な視点からの意志決定がしやすくなる．また，文字情報ではなく図により視覚化することで，従業員との事業活動の方向性や経営者の考え方がイメージとしても印象づけられて，組織内の管理者や従業員との共有化も図りやすくなる．

【手順5】　組織能力をQMS要素へ展開する

[ステップ1]，[ステップ2] では，事業成功に導く組織の能力をざっくりと特定し，この能力に影響を及ぼす外部及び内部の状況を把握し，ここから生まれる「リスク/機会」をキーとして，取組みを決め，これをプロセスに埋め込んだ．この過程を，もう少し合理的に，精度よく実施するための方法が，[手順5] である．

図5.1の顧客価値経営への進化の道筋の中で説明すると，「成功のシナリオ」実現に必要な能力を，いつでも，どこでも，だれでも発揮できるようにシステム化する「能力のシステム化」の最初の部分である．

まずは，顧客価値の源泉となる組織能力が，いったいどのプロセスにどのような形で存在しているのかを明らかにすることが必要である．これを分析するために，**図5.7**のような「ワークシート」を活用する．これは，JIS Q 9005規格に掲載してある「QMSモデル図」の一部を抜粋して，これに組織能力を重ねるようにつくられている．

このワークシートを使用して特定した事例を，N社の顧客価値(表5.1参照)の一つにあった「顧客に手間をかけさせずに(顧客の要求にあった設備を適切な価格で)提案する」能力で説明する．

図5.8は，N社がこのワークシートを使用して，組織能力をプロセスレベルに分解した例である．これを見ると，N社のこの顧客価値は，サ

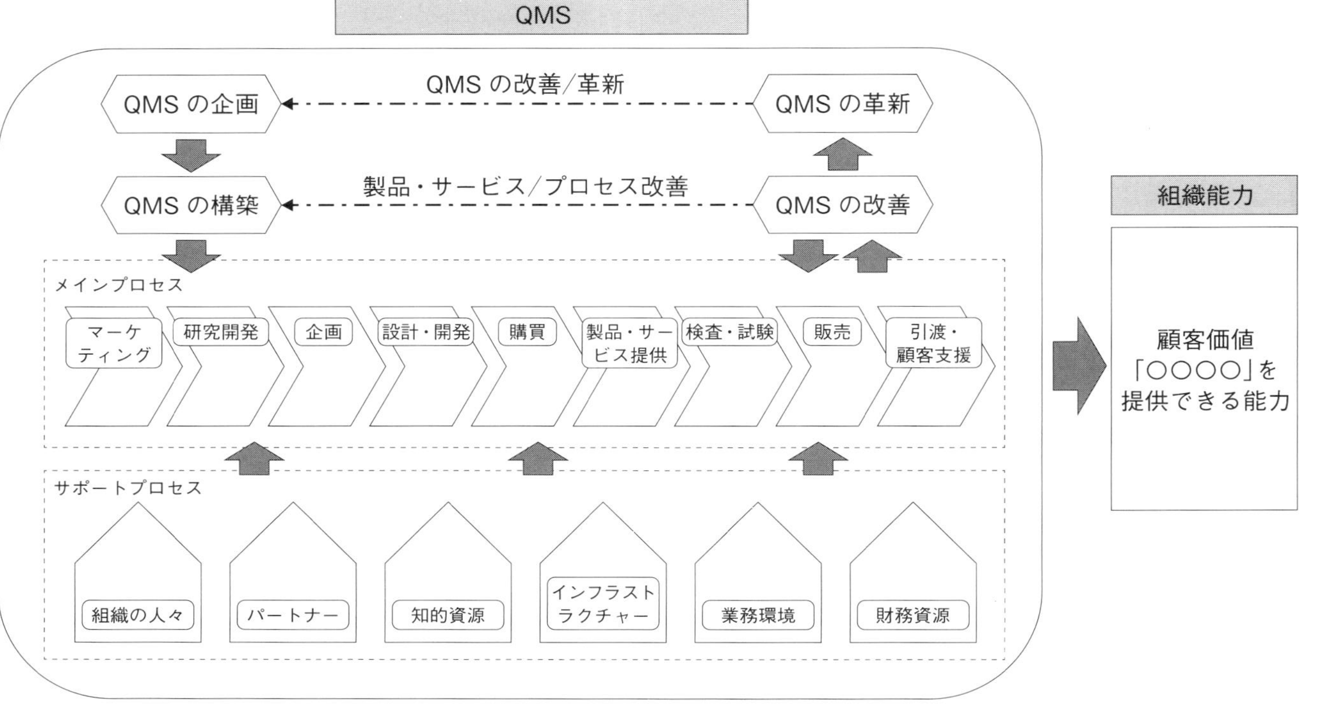

図 5.7 組織能力の QMS 要素への展開シート

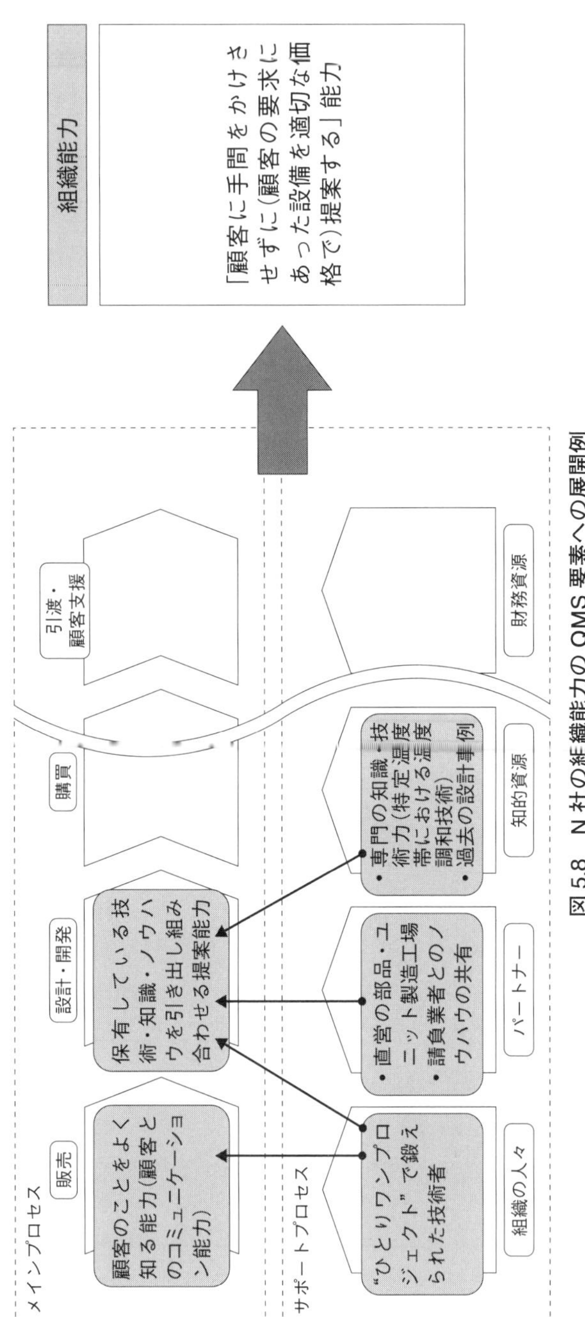

図 5.8　N 社の組織能力の QMS 要素への展開例

ポートプロセスの“ひとりワンプロジェクト”(1人で一気通貫に仕事をこなせるように人材を育成するN社独自の仕掛け)で鍛えられた「人材」と，長年の間に蓄積された専門の知識・技術力(特に，特定温度帯における温度調和技術)に関する「組織の知識」と，直系子会社の工場や長年取引のある施工業者の「パートナー」の力に支えられて，受注プロセスにおける顧客とのコミュニケーション能力と，自社が保有している技術・知識・ノウハウを引き出し組み合わせる提案能力を使用して発揮されていることがわかる．

このように，自社の「顧客価値」を提供する「能力」を具体的にすることによって，より的確な「課題」の抽出が可能となる．また，これらの「能力」の中で，自社の「特徴」に裏付けられた「能力」が，より強固な競争優位要因として重要であることは，［手順3］で説明したとおりである．

【手順6】　ギャップ分析と課題・取組みの決定をする

顧客価値の源泉となる組織能力は，その能力の存在するプロセスの中のしくみで支えられて，発揮されている．組織能力をいかんなく発揮させるために，この現状のしくみで充分であるのか，そうでないなら何が不足しているのか，そんな「あるべき姿」と現状とのギャップ分析をして，必要な取組みを決めていくのが，［手順6］である．

［手順5］で説明したN社の例で説明を続けていく．N社には，「顧客に手間をかけさせずに(顧客の要求にあった設備を適切な価格で)提案できる能力」が，図5.8に示す5つの能力で構成されていることが［手順5］の分析でわかった．そこでN社では，これらの能力を支えるしくみについて，それぞれの「あるべき姿」を明確にし，これに対する現状で運用しているしくみとのギャップを**表5.2**の「ギャップ分析表」のように分析し，その課題を特定した．

表 5.2　N社のギャップ分析表の例

重要な組織能力	あるべき姿	現状	ギャップ分析・課題	取組み
顧客とのコミュニケーション能力	すべての責任者が顧客の潜在ニーズを先取りして正確に理解できる	プロジェクトごとに責任者を決め，顧客との頻繁なコミュニケーションにより情報を引き出す	• 現場責任者の能力差が大きく，パフォーマンスのばらつきも大きい • 管理者の指導能力の差もある 課題：現場責任者，管理者の能力差の解消	• 力量評価のしくみ強化 • 適切なローテーション，適材適所 • メンター制度の導入 • 管理者教育の強化(外部教育の参加)
既存技術を組合せる提案能力	個人の能力を，組織でカバーして，100%能力を発揮できる	日常の仕事の中で先輩が後輩を指導して能力を向上させる		
「ひとりワンプロジェクト」で鍛えられた人的能力	すべての責任者が担当する製品の，提案，設計，施工管理のすべてを失敗なくこなせる	日常の仕事の中で先輩が後輩を指導して能力を向上させる	• オールマイティはごく一部で，多くの人には，得手不得手がある． • 個人能力の限界 課題：個人能力をカバーする仕掛け	• デザインレビューの強化 • 管理者の定期的な監視
蓄積された組織の能力(組織の知識の活用)	組織で保有している技術・ノウハウが，全員で共有でき，活用している	設計図書などの設計資料が，それぞれの部門で蓄積されている 各部門の責任者の集まる開発会議で共有化を図っている	• 活用されていない知識も一部存在している． • 既存の知識の検索性があまりよくない 課題：組織の知識の可視化と活用	• 過去の技術資料保存の一元化と，検索システムの開発

例えば，分解された5つの能力の1つである「顧客とのコミュニケーション能力」という組織能力について取りあげると，このあるべき姿とは，顧客の潜在ニーズを先取りして，正確に顧客の考えていること，困っていることなどを把握して理解する能力である．現状はどのようにこれを実施しているかというと，顧客及びプロジェクトごとに現場責任者を決め，この責任者が顧客の製造ラインの中に入り，日常的に担当者とのコミュニケーションを実施し，適宜，管理者が現場を訪れて指導をしている．あるべき姿に対する結果はというと，現場責任者や管理者間の力量の個人差が結構出ており，組織としては，まだまだパフォーマンス向上の余地が存在していて，このばらつきを解消することが課題となった．その取組みとしては，ISO 9001のしくみの中にもある，必要な力量の特定とこの評価のしくみをもっと効果的に働くように強化することなどを決め，まずはその一つとして，この顧客とのコミュニケーション能力が必ず評価対象となるようにした．このようなことは，もう1つの「既存技術を組み合せる提案能力」についても同じことがいえた．

このようにして，自社の顧客価値提供に必要なそれぞれの能力についてギャップ分析をして，課題と取組みを計画することによって，事業の成功に向けて優先して実施しなければならないことを合理的に決めることができる．

また，決定した課題の取組み方は，［ステップ1］の［手順7］で説明した基準を使用すればよい．

【手順7】 戦略的マネジメントレビューの実施と変化への対応をする

① 戦略的「マネジメントレビュー」の実施

ISO 9001：2015規格では，マネジメントレビューで，新たなインプット項目として，以下が追加となった．

b） 品質マネジメントシステムに関連する外部及び内部の課題の変化

e）リスク及び機会への取組みの有効性

マネジメントレビューは，ISO 9001 の歴史の中で，ひところ“形骸化”を叫ばれた時期があった．年に1回，規格の要求どおりのインプット項目と，アウトプット項目が記載できるような様式をつくり，このとおりに実施して，その記録を作っていた組織が多かった．もちろん，しっかりとやるために，これは少しも悪いことではないのだが，その結論として経営者から言及されるレビュー結果が，「これからも一層の継続的改善を望む」といった抽象的な内容とか，「特になし」などというものが多かった．この主な理由は，毎月，あるいは毎週の品質会議や，幹部会議，経営会議などでレビューしているから，特に書くことはないが，規格で要求しているから形だけ記録を作っておくということであった．「それならば，その毎月の会議でやっていることがマネジメントレビューである」ということで，この実態を重要視するようになってきた．

そうすると，本項の冒頭で触れた b)，e) 項の外部や内部の課題の変化とか，リスク/機会の取組みの有効性については，その会議体の中で必然的にインプットされ，その実態の中でマネジメントレビューが行われて，そしてその記録も議事録で残っている，ということもいえる．

もちろん，形骸化した年に1回のマネジメントレビューは廃した方がよい．ただし，半期や1年の周期でなければ見えてこないような変化の確認とか，毎月のどちらかというと目前の変化への短期的視点になりがちな対応の妥当性などを再確認する意味をもった，ちょっと長いスパンでのレビューは実施することに大いに意義がある．このレビューを本書では「戦略的マネジメントレビュー」と呼ぶ．

戦略的マネジメントレビューを実施するには，［ステップ1］を実施した組織であれば，ここでアウトプットされた「QMS 計画書」を利用して，この内容を更新する必要がないかどうかを確認するとよい．「QMS 計画書」には，組織を取り巻く外部及び内部の状況や，利害関係者の要求事項が記述され，それを考慮したリスク/機会とこの取組みまで，整理して一覧表化されている．これを「今でもこの把握でよいか，取り組んだ結果はどうだったか，これからもこの取組みで十分か」という観点で見直し，その結果を経営者に報告して，経営者からその言及を得るようにすれば，戦略的なレビューができるのである．

さてここでは，さらに進歩したやり方として，［手順4］で説明した「事業シナリオ図」を活用する方法を説明する．まずは，T社におけるある日のこんなやりとりを読んでみてほしい．

2019年某日，T社社長と筆者は，T社の事業シナリオ図(図5.6参照)を前に置いて話し合いをしていた．

筆者：社長，最近のお客様の変化は何かありますか？

T社長：お客様の市場(自動車)は，国内の需要が伸びず，当社への注文も海外工場向けの注文の比率が大きくなってきました．顧客の海外へのシフトはますます増大していますが，この傾向は続いています．

筆者：海外向けの場合は，船の出航に合わせて，一度にドーンと納入しますが，国内向けは，国内の工場の計画に合わせて，貴社がきめ細かい納入計画を組んで納入しているのでしたよね．そしてこれが貴社のメインの顧客価値だったはずです．これが通用しなくなることは貴社の経営にとって一大事ですね．

T社長：これに輪をかけて，この間も，長年お付き合いをしていたバイヤーさんが定年退職して，若い世代の人に交代したのですが，若い人の考え方や意識は，今までと違ってきて，うちの特徴であった“長い付き合いの信頼関係”でできた取引が，ますます通用しなくなってきました．そのためにうちの「顧客の困りごとを解決する能力」を構成する能力の大事な一つである

「潜在ニーズをつかむ能力」が弱くなってきています．

筆者：そうですか．前から取り組んでいた，新たな顧客を開拓する取組みもさらに加速しなければいけないようですね．ところで，その新顧客開拓の取組みは，その後どうですか？

T社長：ホームページを見たり，うちのお付き合いをしている商社などから，結構，問合せや引合いが来て，その中から成約しているものも出てきました．

筆者：それはいいですね．でも気をつけなくてはいけないのは，貴社が得意としているビジネススモデル，すなわち，貴社の「成功のための事業シナリオ」を活かせる取引に持ち込めるかどうかです．どうですか？

T社長：いずれも，比較的大手の会社で，多量の受注をきめ細かく納入することや，顧客ラインの自動化などの変化に対応することを期待されていることなど，うちの得意としている土俵でビジネスができるようで，大丈夫だと思います．

筆者：それはいい「機会」ですね．その機会には，何とかうまく乗っていきましょう．

T社長：はい．それと，最近は業界でも環境対策で新しい素材にシフトする動きが出てきました．ところがこの素材は加工性に問題があって，これがひとつの技術課題となっています．でも，これを乗り越えると新たな顧客価値が創り出せて，さらなる事業の成功に向かえます．これを乗り越える目処はついていますが，新しい技術テーマも出てきて，型メーカー，機械メーカーや，Y大学との産学連携などの必要性が，今まで以上に高まってきています．

筆者：ところで，貴社の設計開発のプロセスは，その後どうなっていますか？

T社長：うちは製品の設計をしていないので，これまでISO 9001では適用除外をしていましたが，この機会にこの生産準備プロセスのフロー図を作って明確にしました．加工機が試作できるように，工作室も整備することにしました．

筆者：そうですか．いよいよ下請け型企業から，技術提案型企業への本格的な脱却ですね．

この会話の場面は，ISO 9001規格でマネジメントレビューのインプットに要求している前述のb)，e)項の内容について話題として展開され，そしてその対応としての取組みなどについて決めている一コマであることに気づかれたであろう．

この場面は，T社社長は小規模な企業のトップマネジメントであり，このような事業経営に関連することについては，自らが自問自答してレビューするしかないので，それをちょっと筆者がお手伝いをしているという状況であった．この後に，T社社長に，「どうでしょうか，このようにマネジメントレビューはできますか？」と尋ねたときには，「この「事業シナリオ図」(図5.6参照)があればできます」という答えであった．

さらにT社社長は，「今の自社の状況がこの事業シナリオ図に整理されているので，とても効率的に，漏れなく考えられます．1年に1回や2回，このような機会をもつことは，経営者として大事なことだと思い知らされました」といわれた．

T社のような小規模な組織であれば，社長一人が考えればよいが，組織の規模がもう少し大きくなってくると，経営者だけでなく，部門の責任者も大事な情報をもっているので，この情報をインプットする必要が出てくるはずである．半期か通期に1回程度，この情報を集めて経営者がレビューをすることが，本書でいう「戦略的マネジメントレビュー」である．

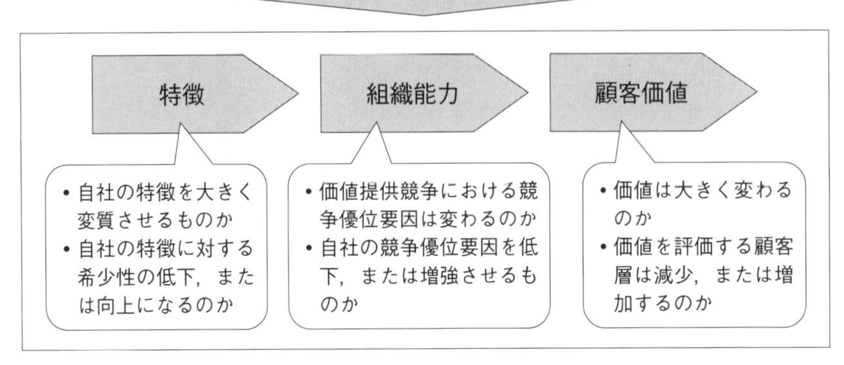

図5.9　事業環境の変化を捉える視点

これを効果的に行うための方法は，[手順4] で述べたように，「成功のための事業シナリオ」が可視化されていることが前提となり，この図を見ながら，この事業シナリオに影響(リスク/機会)を与えることが予測される外部及び内部の事業環境の変化を捉えるとよい．また，この変化を見る視点としては，**図5.9** に示すように，事業シナリオのコアになっている，自社の「特徴」，「組織能力」，「顧客価値」のそれぞれに対する影響を考慮するとよい．このやり方については，次の「②変化への対応」で説明をする．

ただし，このようにレビューを実施するからといって，今までは考えつかなかったような突飛な決定が出てくるわけではない．これまでも折に触れて社内で話題になり，話していたことであるかもしれないが，ここで違うのは，その的確さだけでなく，決定の重さであり，覚悟である．ときには，革新を伴う決定もされていく．それは，この「事業シナリオ図」ができるまで考え抜いた過程と，その結果が目の前に明確になっているからなのである．

先に紹介したT社のレビュー結果を，**図5.10** に示すので参考にされ

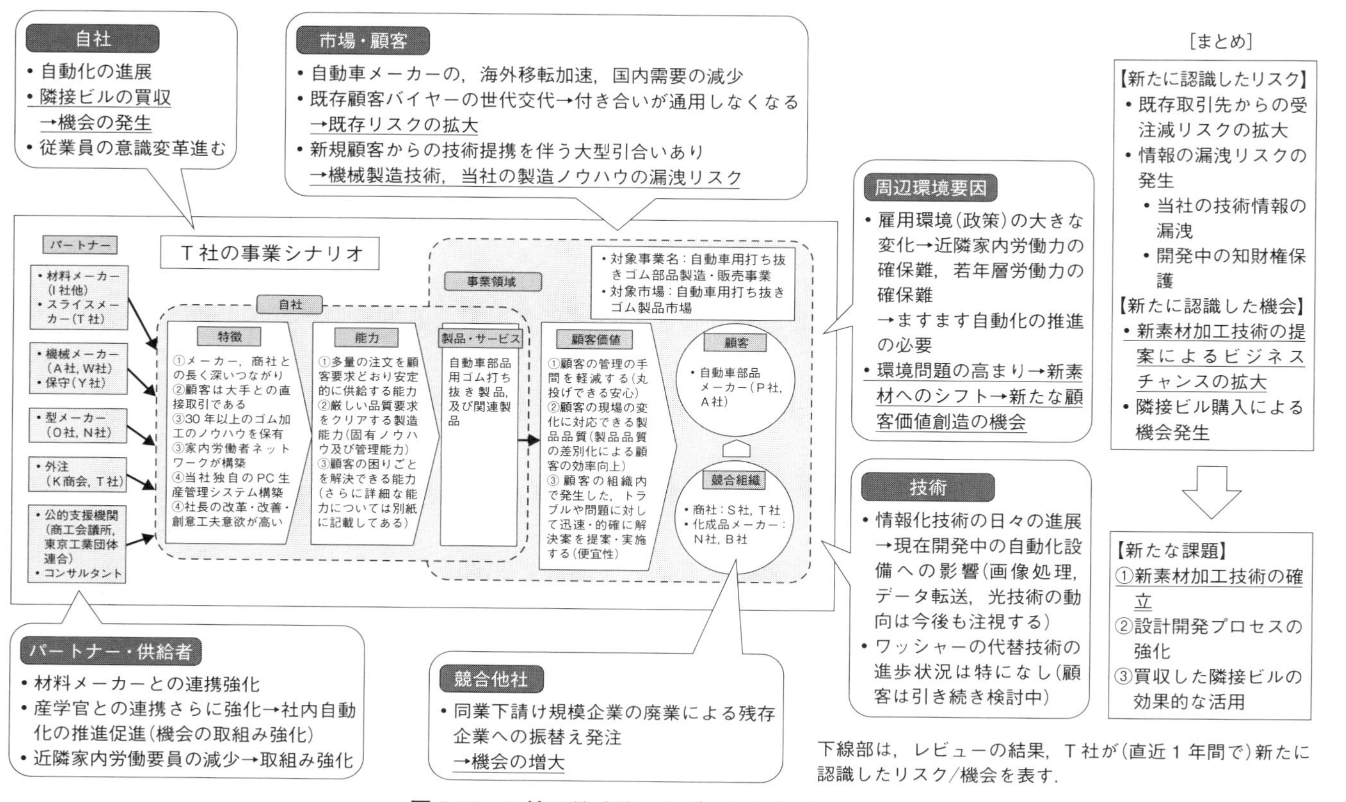

図 5.10　T社の戦略的マネジメントレビュー結果

たい．吹き出し部分が，影響を受ける変化と認識される内容であり，結果として発生または増大/減少するリスク/機会について，下線を引いて示してある．決定事項は，右側に記載されている．

このようにして，自社が持続的に成功をおさめていくために構築した品質マネジメントシステムの計画が凝縮された「成功のためのシナリオ」を，半年や1年，あるいは中期的に，これをレビューしていくことによって，大きく変化する事業環境にも的確に対応していくことができるのである．

② 変化への対応

変化の把握のしかたについては，［手順3］で明らかにした「顧客価値提供構造」を構成する「顧客価値」，「組織能力」，「特徴」に対する影響を考えて把握することである．その基本的な視点を，図5.9で示している．この図に沿って，既述のT社及びN社の例を挙げて説明をする．

まず一番大きな変化は，「顧客価値」に影響を与える変化である．提供する価値そのものが大きく変わるとか，価値を評価する顧客層が，消失，大きく減退，または増加するような変化である．

T社の例では，製品の納入先が国内から，海外工場にシフトすることによって，国内工場が提供を受けていた「顧客の納期管理の手間を減らす」という顧客価値を評価してくれる顧客がいなくなってしまう．逆に，顧客の工場の国内回帰があれば，これは当社の顧客価値を評価する顧客が増えて「機会」となる．

したがって，顧客価値そのものにマイナス面に影響する変化（「リスク」となる変化）は，その顧客価値が通用しなくなってくるのであるから，新たな顧客価値を創造するとか，現在の自社のもつ顧客価値を提供できる新たな顧客層を開拓するような対応が必要となる．

次に，「組織能力」に影響を与える変化とは，価値競争における自社の競争優位要因が変わってしまうとか，自社の競争優位要因を低下，または増強させるような変化である．

T 社の例では，近隣の弾力的な家内労働力を，パートナーと社長で独自に作ったコンピュータシステムによって最大に活用する「組織能力」が重要である．近隣の主婦たちのライフスタイルや意識が変わってしまうと，この労働力が確保できずに「組織能力」を失って，競争力は一気に低下してしまう．

「特徴」に影響を与える変化とは，自社の特徴を大きく変質させるものとか，自社の特徴の希少性，または向上させるような変化である．

T 社も N 社の例も同じであるが，社歴が長く，特定の顧客との長いつき合いが「特徴」となっていて，このことにより顧客との特別なコミュニケーションがとれて，これが自社の他社に優位な「提案能力」につながっていた．ところが，顧客内での世代交代や，情報セキュリティ強化の変化は，この特徴に影響を与えて，競争力は低下してしまうようになってきた．

能力や特徴に影響する変化は，その影響の大きさによってもだいぶ違ってくるが，小さなものは，迅速に対応することを前提として，現状を強化したり，回復したりするようなことで済む場合もある．しかしながら，その影響が大きいものであったり，そのことが近い将来に予測されるような場合は，新たな能力を創り出したり，特徴を再発掘したりし，場合によっては新たな顧客価値を創り出すことが必要となってくる．影響が小さなものであっても，その変化が大きな変化の予兆であったりする場合も同じである．

いずれにしても，このような変化に対しては，小手先だけの対応では間に合わなくなってくることは間違いのないことである．変化に対する対応の重要性について，東京大学名誉教授の飯塚悦功先生は，『アイソス』誌で，以下のように述べている．

「「変化」において重要なことは，成熟経済社会の特徴が量的変化は小さいが質的変化が大きく速いことに対応して，事業環境の変化に応じて自組織を革新し，また自組織を取り巻く状況を自組織にとって住みやすい環境に誘導していくことです」

また，その「革新」については，「組織が持つべき能力を具現化するために，既存の枠組みの一部または全てを否定し新しい枠組みを生み出すことによって，自己を革新する」と述べている．

革新の例としては，例えば，高度成長経済時代から成熟経済時代への移行に伴う顧客価値の変化に対応して，板金下請けメーカーが，自社ブランドのキッチンレンジフードを開発し，製造工程をセル方式へ移行するなどの「革新」を行って成功した事例などもその一例であろう．革新とは，必ずしも，世の中に目新しいものである必要はない．自社にとって，これまでのマネジメントシステムの延長線上にあるのではなく，ゼロベースで大胆に変えるようなことなのである．

また，本書で紹介しているT社は，社会の環境への関心の高まりとこれに対応した業界の変化を「機会」として捉えて，「新素材製品の製造技術に関する提案」という新たな顧客価値を提供する活動を展開している．これまでの下請け企業体質から，技術提案型企業へと革新中なのである．

変化の“急”で“激しい”現代においては，変化に対応して，新たな顧客価値を創造するにも，あるいは，これまでの顧客価値を維持するにしても，「革新」が伴うものと覚悟が必要である．

そして，革新によって成功に向かうには，本書で説明しているような自社の持つ「特徴」「能力」を見極めて，これを効率よく使いながら「顧客価値」を提供する「成功のための事業シナリオ」を明確に描くことと，このために必要な能力を「システム化」することが必須の条件なのである．

第6章

3ステップを効果的に活用するポイント

本章では，3ステップを効果的に実践するための留意点について，企業のタイプや状況に応じて説明をする．

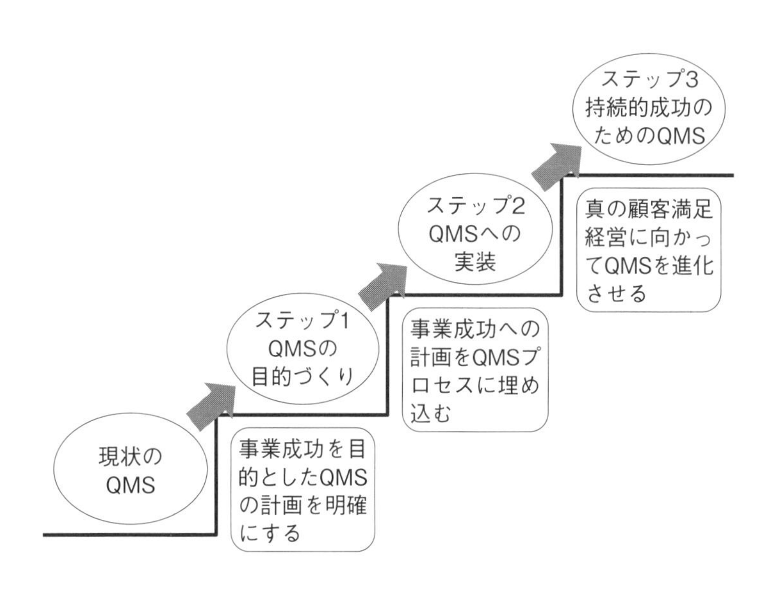

ステップ3
持続的成功のためのQMS
真の顧客満足経営に向かってQMSを進化させる
ステップ2
QMSへの実装
事業成功への計画をQMSプロセスに埋め込む
ステップ1
QMSの目的づくり
事業成功を目的としたQMSの計画を明確にする
現状のQMS

本書では，ISO 9001による品質マネジメントシステムを構築している組織(あるいは，これから構築しようとする組織)が，顧客価値を提供することにより，自社の事業を持続的に成功させるための真の顧客満足経営(顧客価値経営)を極めるための最短のルートを解説している．

これは山登りにたとえれば，バスで行けるところはバスに乗り，登山道が整備されているところはそこを通って，できるだけ楽に頂上に達しよう，ということである．そして，山登りするときには，地図だけ持っていくのではなく，バスに乗れるところ，道が拓けているところ，険しい箇所など事前に調べて計画を立て，心づもりをして行くであろう．

「3ステップ」もそんなことができるように，チェックリストを付録として掲載した．これにより，どこで楽をして，どこで力を出さなければいけないのかを見通してから取りかかれるようになれるはずである．

そして，もう1つ説明をしておきたいことは，実はこれがこの章を設けた一番の目的であるが，この「3ステップ」は，頂上までたどり着かなければ効果が出ないというものではなく，自社の今あるマネジメントシステムの弱いところに対して，「3ステップ」の一部を切り取って強化することによって，都度，効果を出していけることである．

その「弱いところ」を，自社の事業の成功という視点からあぶりだそうとしたのが，この章の6.1節，6.2節である．ここでは，前述のチェックリストを使用することに加えて，企業のタイプ(規模や業種など)別に，比較的多くの組織に見られる弱点の例とその対応について説明している．そして，それぞれについて，「3ステップ」の該当する箇所を引用して，逆引きに使用できるようにもした．この強化を続けていくことで，いつのまにか頂上にたどり着いていた．ということもあり得るであろう．

また，現在，ISO 9001を運用している責任者や担当者にとって，他のマネジメントシステムとの統合とか，企業グループとして効果を上げることが課題となっている場合も多い．そこで，それぞれの側面からの「3ステップ」の活用の仕方について，6.2節(4)と，6.3節に取り上げた．

最後の6.4節には，これからISO 9001の認証を取得する組織に向けての留意点を載せてある．

6.1　チェックリストの利用

付録の「QMS再構築のためのチェックリスト」は，本書で解説した3ステップにおける現状のレベルを評価できるようにしたものである．本書で一貫して述べているように，どのような組織でも，それが文書化されているかどうかは別として，必ずマネジメントをするしくみは存在しているものである．一から新しいシステムを設計するのではなく，従来から存在するシステムを大事にしてもらいたい．ただし，その中身については濃淡や強弱があるだろうから，「QMS再構築のためのチェックリスト」を利用して，自社の現状のQMSを評価して，強化すべき要素を探して重点的に取り組むことができるようにした．

評価にあたっては，現状の自社のもつ何らかのしくみの中で，このチェックリストの項目の状況を評価して，①しっかりとできていれば(確立していれば)，そのままでよいし，②一部不十分であれば，そのしくみを追加もしくは改善し，③まったくなければ，新たにそのしくみを追加するとよい．

なお，しくみの有無や，不十分であるかどうかの判断は，必ずしも文書化されていることとは限らない．実態を見てほしい．逆に，文書化されていればそれで「よし」とするのは早計であることはいうまでもない．

なお，「症状」とある欄には，その項目に相当するしくみがないときや不十分なときに，自社の中に顕在化してくる悪さの症状である．そのしくみの評価をする際に，この症状も併せて考慮すると判断しやすいであろう．また，それだけではなく，その症状が顕著であるときは，関連するしくみのどこを強化すればよいかの「逆引き」に利用してもよい．なおこの症状は，一番関連性の強い項目の欄に記載しているが，当然ながら，そのことが充分にできていない影響として，それ以降の項目にも少なからず波及しているものが多いことは承知しておいてほしい．

6.2 企業タイプに応じた活用のポイント

本書では，その内容を理解しやすくするために，小規模な製造業を一貫して事例として取り上げ，説明してきている．しかしながら，本書で書かれている内容は，組織の規模や業種に関わらず適用ができる．それぞれの規模や業種に応じた活用のポイントを以下に示す．

ここでは，それぞれの組織のタイプに比較的ありがちな点を挙げて説明をしているが，そのタイプにこだわらず，ここに示すような傾向が見られた組織は，これを適用させるとよい．

また，それぞれの内容について，特に関連がありそうな手順の番号を並記した．これは，当該の手順を入口にして，その前後，あるいはそのステップ全体へとたどっていくことで，理解を深めて適用するためである．逆引きのための索引の一種のようなものと考えてくれてもよい．

(1) 大手・中堅企業の場合

① 「事業所や部門のQMS」の強化

大手・中堅の企業では，本社と複数事業所をもつような事業体も多く，本社などのメインとなるサイトにトップマネジメントや管理責任者，事務局などが所在しており，ここが全体のマネジメントシステムを統括している場合が多い．この場合，当然ながら事業の実態は事業所にあり部門にある．それが，独立した製品/サービスの事業を経営する事業体であれば，これらの本社の事務局や経営スタッフによって策定される会社の重要課題や目標は，当該部門にとっては“組織の方向性であり基本戦略”の一つにも当たる．そしてこれを受けて，独自の「外部や内部の事業環境」があり，「利害関係者」があり，「リスク/機会」が存在する．いわば，一つの独立した会社である．

したがって，いま本書を読んでいる方がそのような事業所や部門の方であれば，3ステップはそのまま適用できる．また，もしも全社を統括する管理責任者や事務局，あるいは経営層の方であれば，本書で推奨するこの3ステップで推奨する進め方が，事業所や部門で実施できるように働きかけることが重要な役割であろう．

そうなると，次項で説明する「中小企業・小規模企業の場合」は，決してよそごとではない．この3ステップを，自社の事業所や部門で根付かせてほしいので，それぞれの事業部に，「QMS再構築のためのチェックリスト」を自社流にアレンジして，チェックしてもらうのも一策であろう．自社の，事業所や部門でどうだろうか，そんな視点で本書も読んでもらうと，3ステップの必要性が俄然違ってくるはずである．

【本書の関連手順】

すべてのステップと手順，及び，その中から自社の事業所などで適用させたい目的に合わせて選んだステップ，手順

②　方針管理プロセスの「計画」の充実

(1)①と同じようなときは，本社の事務局や本社の経営スタッフにより，自社の外部及び内部の事業環境が分析されて会社全体の重要課題が設定され，それがトップマネジメントの方針として周知され，これをもとにしてそれぞれの事業所や部門の方針や目標としてブレークダウンさ

れて，この進捗を管理する「方針管理プロセス」がすでに存在しているであろう．

ただし，この管理体制のレベルは，例えばTQMを導入して効果的な管理が行われている場合から，かなり大まかな管理をしている場合と，その成熟度は組織によってさまざまである．

自社が大まかな成熟度の低い管理をしている場合は，[ステップ1]，すなわち，ISO 9001規格の2015年版で追加となった4.1項，4.2項，6.1項の規定事項を利用して，この方針管理プロセスのPDCAサイクルの「P(計画)」を充実させるのに好機である．

【本書の関連手順】

[ステップ1] のすべての手順

③　方針管理と日常管理をうまく使い分けて効果を上げる

TQMなどを導入して比較的高いレベルの管理体制を敷いている大手・中堅企業では，現状をブレークスルー(打破)する「目標」と，これまでのレベルを「維持するための管理項目」とを使い分けて管理している．しかしながら，このような方針管理のしくみを確立している企業であっても，この2つの指標の違いをよく認識せず，使い分けがうまくできていないこともよく見かける．自社の場合はどうなのか，一度確認してみるとよいであろう．

当然のことながら，2つの指標の設定の仕方や，これを管理する方法を変えてPDCAを回していくと，効率的に管理ができる．「方針管理」は，現状以上の目標を立て，今までにない新たな施策を考えてこれを実施することで現状を打破するが，「日常管理」は，現在実施している業務の標準からの逸脱を発見するための基準を設定して管理する．

なお，“使い分ける”ことが大事であり，同じ指標を使ってはいけない，ということではない．例えば「不良率」という指標は，新しい設備や，新工法の採用，新生産システムの確立などの目標として設定されることは大いにある．一方，製造というプロセスが，いつもと変わらず稼働しているのかどうかを判断する指標として「不良率」を監視することもある．

要は，この監視の仕方，判断基準，処置方法などが，それぞれの目的に応じて適切に運用できるように決められて，管理されているかどうかがポイントである．

【本書の関連手順】

［ステップ1］の［手順6］，［手順7］，［ステップ2］の［手順6］

④　QMSと事業活動との「一体化」の強化

大手の組織でときどき見かけるのが(実は，中小企業でもあるのだが)，ISO 9001で設定している目標が，本当に狭い品質の結果に限っているという例である．例えば，会社全体の目標として「クレーム発生件数削減」を設定しており，製造部門では当然これを取り上げている．営業部門ではどうかというと，同じようにクレーム削減だけを設定している場合がある．これだけというのはいかにも寂しい．

営業部門では，自社の顧客価値提供の最前線を担っており，この活動の結果として，既存顧客からの注文の維持・拡大とか，新規顧客への拡販をすることが，その大半の活動であろう．自社の競争力となる能力にスポットを当て，これを強化する課題や取組みを考慮すると，クレームの削減はその一部であろう．そしてその活動は，当然のことながら事業プロセスの中心となる活動であり，例えば，新製品の売上高，新製品利益率，新規顧客獲得数・成約率，市場シェアなどを目標に取りあげて，本来業務活動とISOの活動を一体化させたい．

【本書の関連手順】

［ステップ1］のすべての手順，［ステップ2］の［手順4］(特に営業

プロセス)，［ステップ3］の［手順2］

(2)　中小企業・小規模企業(大手・中堅企業の事業所や部門も含む)の場合

①　トップの思い・考えの可視化により効果を上げる

多くの中小企業は，トップの強力なリーダーシップによって経営を持続している．一方で，社員は強い指示に慣れきってしまって，受け身の姿勢が染みついてしまう．多くの経営者は，その企業体質の弱点をよく承知しており，何とか従業員に経営者と同じ意識をもって仕事をしてほしいと願っている．

そんな経営者の思いを埋め込んで，現在の自社を取り巻く事業環境の状況や会社内部の状況と，その中でやらなければならないことと，その理由が可視化されることは大いに意義がある．［ステップ1］で作成する「QMS計画書」の内容は，そのための格好の仕掛けである．

これを可視化するのは，その気になれば，2～3日の作業で可能である．まずは作成してみて，これを全社員に浸透させるだけでも，効果はてきめんである．ISO 9001には，さらにマネジメントレビューというしくみもあるので，これを利用してこの内容を最新化していくことを前提として，最初から完璧をねらわず，まずはやってみることからはじめるとよい．これにより，マネジメントレビューも形骸化から脱却できる．

【本書の関連手順】

［ステップ1］のすべての手順(特に［手順8］)

②　経営効果につながる方針管理(目標管理)にする

管理活動の成熟度が低く，目標を設定してこの達成を管理することに不慣れであったり，日常的な直接業務以外に時間を割きたくない心理が働いたりして，ISO 9001で設定する目標を，なるべく少なく，しかも容易に達成しやすい目標を設定したりしている場合が，往々にしてある．

しかし，自社の経営や業績につながるような目標をしっかりと立てて，これを達成するために実施すべきことを明確にして，これを計画的に行わない限りは企業に成長はない．［ステップ1］の方法で，自社の課題を挙げて，その中から適切な目標を設定してこれを達成するような管理活動をまずは根付かせてみたらいかがであろうか．経営に役立つISO活動に慣れて，その味を占める体験を通して，企業の体質を少しずつでも変えていくことに踏み出していきたい．

【本書の関連手順】

［ステップ1］のすべての手順(特に［手順6］，［手順7］)

③　プロセスアプローチを利用して役割，責任・権限を明確にする

中小企業は，社員数が少ないことからも，どうしても兼務が多くなってしまい，一人何役もこなすことが多い．勢い，責任・権限も曖昧になってしまう．たしかに，日本人のよいところでもある“あうんの呼吸”で仕事をすることは，特に規模の大きくない組織では，それが強みであったりもする．しかしながら，周囲の変化が急で激しくなり，技術も多様になってきた現在は，責任・権限を明確にしなければ対応できなくなってきている．特に，忙しくなってきたり，新しい仕事が入ってきたりするときに大きな支障が発生してしまい，悪循環を重ねがちである．

このような悩みをもった組織は，「プロセスフロー図」で仕事の流れを可視化していくと，自然とその責任・権限が明確になってくる．兼務があっても，主な機能で組織体系を組織図として明確にし，この機能(部門または部署)を横軸にした「プロセスフロー図」を書くと，その業務の責任所在の部門が明確になってくると同時に，業務の結果や必要な情報の受け渡しのルールも明確になってくる．

【本書の関連手順】

［ステップ2］のすべての手順(特に［手順1～［手順4］)，［ステップ2］の事例(1)

④　形骸化した品質マニュアルの廃止

ISO 9001規格の2015年版では，「品質マニュアル」の要求がなくなった．これは，規格が，あらゆる業種・規模に応じて適切にQMSが計画・運用されることを意図した結果である．表面上，要求が緩和された感もあるが，その分，組織は自律的にこれを計画・運用することが求められている．たまに，「品質マニュアルがあると文書管理が大変なので，今回，要求事項がなくなったので廃止しました」という組織も見かけるが，これは本末転倒である．

しかしながら，自社の手順よりも規格の要求事項の方がはるかに多く記述されているような形骸化した「品質マニュアル」は確かに多い．そこで逆に，この機会に品質マニュアルを廃止することを前提として，いま存在する文書を整理・整頓して，さらに必要な分は補足して，現在より役に立つ文書化をすることもよい取組みではなかろうか．

本書の事例で紹介したTP社は，これまでに使用していた「経営指針」という冊子と，新たに作成した「主要プロセスのフロー図」を整備することで，形だけの「品質マニュアル」よりずっと役に立つ文書化をすることができている．

【本書の関連手順】

［ステップ1］の［手順8］，［ステップ2］の［手順2］～［手順4］，［ステップ1］の事例(2)

(3)　サービス業の場合

基本的には，(1)，(2)で述べたポイントは同じであるが，サービス業ではその性格から次のような点にも留意するとよい.

①　目的を具体的にする(サービス業共通)

ISOの目的が,“取引条件”などによる強い必要性ではなく,顧客や取引業者との関係性を配慮したり,企業のイメージアップなどの目的で取得したりしているために,結果的に惰性で認証を維持しているところも多い.したがってそのような場合は,ISO活動の目的を,自社の業績(パフォーマンス)向上であることを明確にし,社内でもこれを共有化して再構築をするとよい.すなわち,［ステップ1］を徹底的に意識しての再構築である.

本書で紹介した広告代理店のTP社は,当初は官公庁などの入札条件として,ISO 14001の認証を取得したが,管理を徹底する手段としての使い道に気づき,ISO 9001を顧客価値提供に焦点を当てた活動と期待して新たに導入し,経営に貢献させている.

【本書の関連手順】

［ステップ1］のすべての手順(特に［手順2］),［ステップ1］の事例(2),［ステップ2］の事例(2)

②　社内で発生する不具合の顕在化と予防(サービス業共通,特に,企画,システムなど無形なサービスの提供業)

提供するモノ(アウトプット)が「製品」ではなく,目に見えにくいため,社内(特に設計・開発プロセス)で発生している不具合が潜在化しやすい.そのために,顧客に届いてから大きなクレームが発生してしまったり,社内の業務効率が悪かったり,あるいはそれに気づかないことが多い.そこで,この社内の不具合を顕在化して,積極的に改善を進められるように,「改善プロセス」や「設計・開発プロセス」を見直し,再構築するとよい.

そのためには，「ステップ2」の方法を適用して，クレームが発生したときの是正処置を含む「プロセスフロー図」を作成しておき，これに，社内で発生した不具合に対する処置の手順も重ね合わせた「改善プロセスフロー図」を作成し，これをもとにして運用していくとよい．

【本書の関連手順】

［ステップ2］の［手順2］，［手順3］，［手順4］(特に「改善プロセス」の可視化と強化)，［ステップ2］の事例(2)

③「特徴－組織能力－顧客価値」を明確にして経営する(小売・卸売などの販売業)

販売業では一般に，自社の努力だけで製品そのものの価値を上げることが困難であり，特に小売業では，品揃え，雰囲気，接客対応，施設の利用性などにより，差別化をしている．そして，事業の成功に必要なのは，これらのすべてがオールマイティに優れていることではなく，ターゲットとしている顧客の求めている価値への合致である．

このことは，［ステップ3］で説明した「特徴－組織能力－顧客価値」の構造の理解が重要なことを物語っている．自社の提供している顧客価値を確かめ，この価値を提供するために使っている特徴や能力を意識して持続させることが，事業の成功に重要である．

また，提供する価値への反応具合(顧客の評価結果)を察知できるような監視システムを構築しておくことも重要である．

さらには，提供する価値も常に変化をしている．その変化は，顧客心理であったり，ライフスタイルであったり，あるいは立地条件，ライバルを含むサプライチェーン全体の動向，政治・経済・社会の変化などに起因している．このような変化を確実に捉え，迅速な意志決定をして処置をしていく「改善プロセス」や「マネジメントレビュー」のしくみを，ISO 9001を利用して確立しておくとよいであろう．

【本書の関連手順】

［ステップ3］の［手順2］,［手順3］,［手順7］, 及び［ステップ2］の［手順3］,［手順4］(特に「改善プロセス」の強化)

④ 事業に関連するネットワークの活用(卸売などの販売業)

卸売業などでは, 上記③の小売業と同じような顧客価値に加えて, デリバリー条件や, 小売店に与える顧客価値などが追加されてくる. そして, これらに影響を与える組織能力としては, 取り扱う商品のサプライチェーン中の事業者間で受け渡される価値を, 自社の事業にとって最大限にする「ネットワーク活用力」も重要な能力となってくる.

［ステップ1］のように, 規格で規定する「利害関係者のニーズ及び期待」を箇条書き的に捉えるのではなく,［ステップ3］で説明しているように, 事業主体者間での価値の移動を意識して有機的に把握する方法によって, リスク/機会とその課題・取組みを決定し, これを業務プロセスに展開していくことで, より効果的なマネジメントシステムに再構築されてくる. また, その変化を捉えて, 迅速な処置をとっていくのは上記③と同様である.

【本書の関連手順】

［ステップ3］の［手順1］,［手順3］,［手順4］,［手順7］

⑤ 「価値(品質)」の性格に応じた対応(ホテル, 温泉, 葬儀社などのサービス提供業)

ホテルや温泉などの施設及び接客サービス提供業の場合は, モノを通してではなく, 直接お客様と接しているために, 顧客に提供している価値(品質)がわかりやすい. 特に, 顧客からの苦情は間髪を入れずに届くので, その対応には敏感である. 逆にいうと, 慣れっこになりすぎて, その場の対応で済ませてしまうのが当たり前になりがちなので, 真の再発防止になるような「改善プロセス」のしくみを強化するとよい．

このような品質は，「当たり前品質」(品質レベルが低いと買わない，高くしても当たり前)であり，これをいくらよくしても，顕著な顧客拡大にはならず，悪いと重大なクレームにつながり，市場・顧客を失うことにもなるものである．

さらに重要なのは，「魅力的品質」(備わっていると感動する価値)を積極的に探し出すことであり，これを提供できるようにしてはじめて顧客が拡大していく．上記の「改善プロセス」の中には，例えば顧客の何気ない言葉や行動から，このような顧客価値を維持・向上したり，新たな顧客価値を創造したりできるような仕掛けも含まれている必要がある．

【本書の関連手順】

［ステップ1］の［手順5］，［手順6］，［ステップ2］の［手順3］，［手順4］(特に改善プロセス)，［ステップ3］の［手順2］

(4)　他のマネジメントシステムも構築している場合

①　マネジメントシステム統合の考え方

最近では，ISO 9001だけでなく，環境，情報セキュリティ，労働安全衛生，食品安全，道路交通など他のマネジメントシステムも導入している組織が多くなってきている．これらのマネジメントシステム規格においても，本書で特に取り上げている4.1項，4.2項，6.1項については，その並びは同じで，内容も基本的には同じである．

しかしながら，一つ着目していただきたいのは，ISO 9001の対象とする品質マネジメントと他のマネジメントとの違いである．例えば，環境を取り上げてみると，これは今の経営にとって重要な側面の一つといえる．情報セキュリティも，安全も同じである．それに対して品質は，ある一つの側面というよりは，経営において中心に位置づけられるべき重大関心事でもある．なぜならば，組織の設立目的が製品・サービスを通した価値提供にあり，その価値に対する顧客の評価が品質であると考えれば，品質こそが経営目的となるからである．

であるならば，「事業の成功」を目的として捉えたマネジメントシステムの中に，これらの品質以外のことが含まれても何の違和感もない．それは，本書の［ステップ1］で作成した品質マネジメントの計画の中では，重要な側面の一つと位置づけられるということでもあろう．

いずれにしても，それぞれのマネジメントシステムで利害関係者が変わってくることはあっても，当該組織の事業環境が変わるわけではない．事業の成功のために，そして自社の競争力にとって必要なことであれば，むしろ自然と包含されてくるはずである．

ということは，これまで品質を含めて複数のISOマネジメントシステムをそれぞれに構築している組織にとっては，品質を中心としたマネジメントシステムの計画の中に統合し，その統合効果を高めていく絶好のチャンスといえる．あるいは「統合マニュアル」と称して表面だけ統合している組織や，これから複数システムを導入しようとする組織があれば，同じような対応を勧めたい．［ステップ1］で作成するマネジメントシステムの計画をベースにして統合することも大いに推奨する．

② 具体的な方法

具体的な方法を説明すると，まずは，本書の［ステップ1］で説明する方法で，自社の事業環境と利害関係者の要求事項や期待を把握する．すると前述のように，自社の経営にとって重要な要素であれば，それはマネジメントシステムの範疇に関わらず取り上げられるはずである．まずはこれを大事にしたい．

ただし，それぞれのマネジメントシステムで独自に要求している事項もあるので，これについては，適宜追加して考慮しておく．例えば，環境マネジメント規格であるISO 14001の4.1項では，「課題には，組織から影響を受けるまたは組織に影響を与える可能性がある環境状態を含めなければならない」とある．前者は，自社の活動によって環境を悪くしてしまったり，良化させたりすることであり，後者の一例としては，気候変動による最近の異常気象によって起きる現象などが自社に与える影響からの課題などであるが，このようなことを改めて考慮して，必要な課題を追加しておくようにするとよい．

また，品質以外のマネジメントシステムのことについて，審査での対応も含めて，その計画時点でもある程度明確にしておきたいなら，特に重要な事項のみを，「QMS計画書」に追加していくとよいであろう．3.3節［ステップ1］の事例(1)で紹介しているN社は，「QMS計画書」を最初に作成してあったが，後に，環境マネジメントシステム(EMS)を構築する際には，これに環境に関わる重要な点のみを追記し，名称も「品質(Q)」を削除して「マネジメントシステム(MS)計画書」と変えて，名実ともに統合した．

この事例の「MS計画書」を見るとわかるが，EMSの計画をQMSの計画書の上に追記したのであるが，そうしたからといって，EMSに関連するすべての事項を一から足していったのかというと，そうではなかった．「QMS計画書」で記述してある事項の中にも環境と共通なものがすでにかなり特定されていたので，この識別をした．また，それ以外の環境独自に引き出されたこともあったので，これを追記して補足をしただけである．これによって，品質マネジメントで作成した計画の構造をそのままに保ちながら，環境というシステム要素で補強した「統合マネジメントシステム」が完成した．この方法は，環境マネジメントシステムだけでなく，他のマネジメントシステムでも同じである．

6.3 グループ内組織や協力企業への展開

(1) グループ組織における展開

ホールディングカンパニーにおいて，その持ち株会社に対してISO 9001の導入を推奨して，これを運用させているケースも結構ある．これよりも緩やかな連携をとったグループ組織や団体も同じである．

これらは，経営にとって重要な「製品やサービスの品質」を確実に保証できる最低限の体制・しくみを構築させておこうというのが主な目的であったりする．また，共通の言葉が通じるマネジメントを行うことによって，その水平展開を容易にして，グループ全体の底上げを図ろうとすることもあったりもする．ISO 9001をうまく活用した大変によい取組みであろう．

さて，グループを構成する企業の立場からするとどうであろうか．すべての場合がそうではないが，どうしても“やらされ感”がつきまとってしまうことが多い．自らの意志でマネジメントシステムを構築・運用する場合と，やらされ感の中でやるのとでは，その効果には雲泥の差が生じる．

製品やサービスの品質のことは含みながらも，自社の競争力を大事にして事業を成功に導くことを目的としたマネジメントシステムを自律的に構築・運用する［ステップ1］のやり方は，グループ企業をやる気にさせる．そして結果として，それぞれの組織の経営パフォーマンスにつながり，グループ全体の底上げに貢献するはずである．

(2) 大手・中堅企業における協力企業への展開の推奨

ISO 9001を代表とするISOマネジメントシステムは，日本の企業の階層構造の中で，上位にある企業がその下請け企業や協力企業に対して，間接的または直接にこの導入を要求することで普及の輪を広げていった．この要求を受けた中小または小規模企業は，はじめは，前項と同じように“やらされ感”の中で構築・運用したものの，同じやるなら，同じお金をかけるなら，“自社にとって得になるようにやろう”と，いろいろな知恵を出して役に立つように工夫をしてきた．

それでもこのやり方は，企業によってさまざまであり，その効果もいろいろである．費用対効果の見込めない企業の中には，登録返上や，費用の安い審査機関への移行という手段をとったところもある．さてそんな中で，本書の［ステップ1］では，ISO 9001を当該組織の競争力を高めて，事業が成功するための課題や取組みを決定して，［ステップ2］では，これを重点的に管理・改善を進めていく取組みをガイドしている．ISO 9001の導入を奨めた顧客として，これらの組織に対して，今度はその役に立つ方法を推奨するときが来たようである．

ISO 9001規格にある「品質マネジメントの7つの原則」の中には「関係性管理」(2008年版規格では「供給者との互恵関係」)がある．多くの組織は購買方針で“共存共栄”を掲げている．良好な関係性を維持し，これらの企業の業績を高め成功を導いて，互いに共栄していくためにも本書の方法を推奨していくとよいであろう．

6.4 これからISO 9001の認証取得をする企業での活用

本書は，ISO 9001をすでに導入して，これに基づくマネジメントシステムを構築・運用している組織を主な対象としているが，これから導入しようとしている組織であっても，考え方はまったく同じである．

これまでのISOの歴史の中で，ISO 9001が形骸化してその弊害が露呈したケースもあったが，これらは，半ば押し着せられて目的が曖昧な中でスタートし，自社の実態を無視して規格の要求事項に合わせた借り着を着せた結果である．

今度は，［ステップ 1］で，その目的とこれを達成するための課題・取組みを明確にする．どのような組織にも，その文書化の有無にかかわらず，現在動かしているマネジメントシステムがあるはずである．その実態をもう少し明らかにしておいて，規格の要求事項と課題・取組みをその実態業務の中に埋め込んでいく．すると多くの要求事項はすでに実態の中に埋め込まれていることに気づくはずである．［ステップ 2］では，このような作業を進めながら，マネジメントシステムを構築していく．過去の失敗の轍は踏まない．

さて，このための方法は，大変なのではないかという懸念もありそうだが，そうでもない．筆者のこれまでの経験では，［ステップ 1］の「QMS 計画書」にあたる計画を可視化するのに，おおよそ 2～3 日程度かかる．これを行う人は，中小企業であれば経営者(層)，大手・中堅企業であれば，経営企画室の人など，社内の事情や経営全般についてよく理解している人である．むろん，幹部社員なども巻き込んでこの「QMS 計画書」づくりがされるのが理想ではあるが，認証取得までの期間をあまり長くせず，取得後に［ステップ 3］に進化させていくのが現実的であろう．

［ステップ 2］については，それぞれのプロセス(業務)の担当責任者などを中心にして，プロセスフロー図づくりを進めていく．だいたい，2～3 カ月程度で完了できる．全体のシステム構築は，おおよそ 8～10 カ月程度で，従来の構築期間と変わらない．

本書で紹介している TP 社は，このようにして認証取得をした代表例であり，多くの企業がこの方法を採用し，経営効果を上げている．

なによりも特徴的なのは，同じ期間をかけても，作った(というか，明らかにした)マネジメントシステムに対する，通常の仕事との密着感である．特に，[ステップ1] で可視化した「品質計画書」には，これまではなかなか従業員には届けられなかった，経営者の思い・考えが表現されて，この取組みに感謝し，感動すらする経営者(層)も多い．

今後，ISO 9001の認証を取得しようと考えている組織は，ぜひ [ステップ1] と [ステップ2] を基本としてQMSを構築してほしい．

【付録】

QMS 再構築のためのチェックリスト

ここでの「自社」とは，適用する組織の規模により，「自事業所」や「自部門」と事業単位の組織に置き換える．したがってその場合，「経営者」は「事業所長」や「部門長」を指す．また「主な症状結果」欄には，左のチェック項目が十分でないときに現れる主な症状や結果を記載してある．

ステップ1

①しっかりとできている，②一部不十分である，③まったくない

チェック項目	主な症状・結果	関連手順	①	②	③
□ ①経営者は，自社の将来の姿や基本的な考え方・行動などを明確にしていて，これらが社内に共有化されているか．また顧客重視を経営の柱とした考え方や行動の基本としているか．	• 社員のモラール低下，先行き不安感 • 利害関係者からの信用が低い • 非効率的な投資や人的資源の手当	[手順1]			
□ ② ISO 9001 の目的が不明確になっていたり，登録証を取得する目的だけになっていたりしないか．自社の事業活動の成果につなげるための ISO 9001 としているか．	• 形骸化した ISO 業務の存在 • 審査直前の準備 • 社員のモラール低下	[手順2]			
□ ③自社が他社に勝つための競争力となっている組織能力(競争優位要因)を明確にしているか．それは人的能力だけでなく，組織として発揮できる能力としているか．それは独りよがりになっていないか．	• 他社に負ける(例：シェア低下，入札での失注多い) • 低価格納入の増大，目先の受注増	[手順3]			
□ ④上記③で特定した能力に対して，どんな外部の事業環境や内部の状況が，どんなリスク/機会を発生させるのか把握し，明確にしているか(外部環境の対象は，広くは政治・経済・社会から，近くは市場や顧客がある)	• 突然の失注，売上/利益の低下 • 打つ手が後手後手になって業績悪化，あるいは，機会損失の増加	[手順4]			

チェック項目	主な症状・結果	関連手順	①	②	③
□ ⑤自社に大きな影響を与える利害関係者とその期待や要求事項を理解し，その要求事項に関連するリスク/機会を特定し，明確にしているか(利害関係者とは，顧客，外部供給業者，従業員，官公庁や公的機関，法規制当局など)	• クレームや不祥事の発生/増加 • 外部及び内部からのモノや役務・サービスなどが円滑に調達できなくなる • 打つ手が後手後手になって業績悪化，あるいは機会損失の増加	[手順5]			
□ ⑥上記④⑤で特定したリスク/機会を考慮した自社の課題・取組みを明確にしているか．それは，経営に対する重要なものとなっているか	• やっていることが的外れで効果が出ない • 同じ問題が何度も再発する • 上記④⑤と同じ項目	[手順6]			
□ ⑦上記⑥で明確にした課題・取組みは，その取組み方を効果的になるように分けているか(取組み方には，現状打破，現状強化，現状維持がある)．	• 会社の体制や業務プロセスが変わらない． • 業務がマンネリ化している • 取組みの効果がなかなか出ない	[手順7]			
□ ⑧上記①～⑦によって決定された自社の課題・取組みと，その決定の背景(外部，内部の状況及びリスク/機会など)が可視化され，社員に共有されているか．	• 社員の積極的な行動につながらない • 部門/部署間の取組みやパフォーマンスの温度差 • 社員のモラール低下	[手順8]			

2. ステップ 2

①しっかりとできている，②一部不十分である，③まったくない

チェック項目	主な症状・結果	関連手順	①	②	③
□ ①自社の QMS を構成するすべての業務のプロセスを明確にしてあり，QMS の目的(事業の成功)に必要な活動がいずれかのプロセスに含まれて，管理の対象とされているか．プロセスは，具体的な事業活動とつながりをもち，管理するのに適切な大きさで設定されているか．	• プロセス管理ができず，業務の維持や改善がうまくできない． • 事業の成功に影響する重要な活動が十分に行われていない • 必要な活動，業務担当部門や責任が明確になっていない	本書 4.2 節及び［手順 1］			
□ ②それぞれのプロセスの中で，作業の流れ，部門/部署間のつながり，重要な業務の手順や基準などが明確にされているか．また，これがプロセスフロー図などで可視化されているか．	• 部門/部署間のものや情報の流れが悪く，効率が落ちる • 後工程からの苦情が多い • 伝達ミスによるトラブルが多い	［手順 2］			
□ ③ ISO 9001 の要求事項が，通常の業務の中に自然にできるように埋め込まれているか(ISO 9001 の要求事項を意識せずに仕事ができているか)	• ISO の審査の前に余計な仕事をする • 活かされない記録を残して効率が悪い • 社員のモラール低下	［手順 3］			

チェック項目	主な症状・結果	関連手順	①	②	③
□ ④自社で決めてあるそれぞれのプロセスの中で，［ステップ 1］で特定されたリスク/機会に対する取組みが，効果的にできるようになっているか． 効果的にするために，適切な運用や監視の基準が決められて明確になっているか．	• 自社で想定したリスクが(早く，あるいはひどく)発生してしまう • 自社のもつ強みが発揮できない • 必要な業務改善が進まない	本書 4.2 節及び［手順 4］			
□ ⑤必要な教育訓練が行われ，上記の基準や手順，監視項目と方法について，確実に教育・訓練されているか．また，教育・訓練に当たって当該の手順や基準の理由，根拠も併せて伝えているか．改善風土が根付く教育が行われているか．	• 決めたことが実行されずに計画倒れになる • 同じ悪さが再発し，何も変わらない • 運用で人によるばらつきが発生する • 上記④と同じ項目	［手順 5］			
□ ⑥プロセスの監視項目が監視され，その結果に応じて必要な処置が実施されているか．プロセスの維持・改善の PDCA サイクルがしっかりと回っているか．	• 業務の悪さが放置され，改善されない • プロセスのねらい(パフォーマンス指標)が上がらない • 上記④と同じ項目	［手順 6］			
□ ⑦自社のプロセスの主要な要素を整理して明確にし，業務に従事する責任者や人々に理解できるようになっているか．	• 決めたことが長続きしない • 上記④と同じ項目	本書 4.2 節及び［手順 7］			

3. ステップ 3

①しっかりとできている，②一部不十分である，③まったくない

チェック項目	主な症状・結果	関連手順	①	②	③
□ ①自社の提供している製品・サービスに関わる事業についての，上流からエンドユーザーに行き着くまでの流れと，ここに登場する利害関係者などとの関係が可視化されて把握されているか.	• 自社の事業構造が捉えられず，事業を成功させるための的確なシナリオづくりができない（以下，③④に影響する）	［手順 1］			
□ ②上記①で把握した流れの中で，自社が渡す製品・サービスを通じて顧客に提供している価値，すなわち「顧客価値」が何なのかを明確に理解しているか. それを，営業部門を含む社内で共有化しているか.	• 顧客に自社のよさを理解してもらえない • 新規の顧客がなかなかとれない • 入札やコンペで失注が多い	［手順 2］			
□ ③自社の提供している「顧客価値」を生み出す「組織能力」が明確にされているか. その中で，他社に競争優位となっている「組織能力」（競争優位要因）が何か明確に理解されているか. それは，自社の特徴との関係で把握されているか.	• 自信をもった営業活動ができない • 他社に勝てない，勝率が低い • 効果的な資源投下ができない • 効果的な教育・訓練につながらない	［手順 3］			

チェック項目	主な症状・結果	関連手順	①	②	③
□ ④自社の事業が成功につながる「成功のシナリオ」が明確になっているか．そのシナリオの中核には，前記②③の「自社の特徴－能力－顧客価値」の構造を据えているか．また，前記①で把握した事業構造を考慮しているか．成功のシナリオは可視化されて，社内に共有化されているか．	• 変化への対応が場当たり的になってしまう • 朝令暮改や，経営層間での齟齬がある • 効果的な資源投下ができない • 社員の行動に一貫性がない．力の発揮が散漫になる	［手順 4］			
□⑤上記④で特定した「能力」（顧客価値を提供するための能力）を，QMS プロセスの中における具体的な能力に展開してあるか．	• 自社の成功につながる能力を発揮するための的確な対応がとれない • 効果的なシステム化ができない	［手順 5］			
□ ⑥上記⑤で展開したプロセス内にある具体的な能力を，いつでも，どこでも，だれでも発揮できるために，“あるべき姿”と現状の能力のギャップを把握し，これを埋めるための課題・取組みを明確にしているか．	• 他社に継続的に勝てない • 競争優位が息切れして長続きしない • 特定の人が辞めたら競争力が低下する • 人や部門・部署間でのパフォーマンスに大きな差が出る • 業務の状況が変わる（例えば忙しいなど）とパフォーマンスが低下する	［手順 6］			

チェック項目	主な症状・結果	関連手順	①	②	③
□ ⑦外部及び内部の事業環境の変化を“傾向”がわかるように監視し，その結果を経営者がレビューしているか．変化の影響は自社のもつ「成功のためのシナリオ」に対する影響(特に，顧客価値，能力，特徴への影響)で確認しているか．	• 変化に対して的確かつ迅速な対応が決定されない • ムダな投資や要員の準備/配置をしてしまう • 自社の特長や能力が活かし切れない • 理由が不明な失注が発生してくる	［手順 7］ ①			
□ ⑧変化への対応は，影響を与える対象(顧客価値，能力，特徴のどれか)，影響の大きさ・傾向などに応じて決定しているか．変化への対応は，「革新」を含んでいるか．その革新の内容は，これまでの既存の枠組みの一部または全部を否定して，新しい枠組みを生み出すようなものであるか．	• 的外れな対応と，その結果として効果的でない資源投下 • 自社の成功が一時的で継続しない • 自社が成長せず，ジリ貧になる	［手順 7］ ②			

引用・参考文献

1) JIS Q 9001：2015「品質マネジメントシステム－要求事項」
2) JIS Q 9005：2014「品質マネジメントシステム－持続的成功の指針」
3) JIS Q 14001：2015「環境マネジメントシステム－要求事項及び利用の手引」
4) 金子雅明：「超ISO企業が提案するISO 9001：2015対応」，『アイソス』，No.225，2016年8月号，システム規格社
5) 飯塚悦功：「持続的成功のための真・品質経営」，『アイソス』，No.268，2020年3月号，システム規格社
6) 飯塚悦功：『品質管理特別講義　運営編』，日科技連出版社，2013年
7) 飯塚悦功，金子雅明，住本守，山上裕司，丸山昇：『進化する品質経営』，日科技連出版社，2014年
8) 飯塚悦功，金子雅明，平林良人編著，青木恒享，住本守，土居栄三，長谷川武英，福丸典芳，丸山昇著：『ISO運用の“大誤解”を斬る！』，日科技連出版社，2018年

索　引

【か行】

【さ行】

【た行】

【な行】

【は行】

【ま行】

【や行】

【ら行】

著者紹介

丸山　昇（まるやま　のぼる）
アイソマネジメント研究所　所長
1947年東京に生まれる．1977年ぺんてる株式会社（文具製造業）に入社．同社吉川工場の生産技術室，QC担当室長，生産本部QC・TQC・IE担当次長，茨城工場の企画室長などに従事．2002年に同社を退社し，アイソマネジメント研究所を設立．中小企業診断士，元日本品質奨励賞審査委員，ISO 9001及びISO 14001主任審査員として，中小・中堅企業向けの経営／生産／品質管理を中心としたコンサルタントや，セミナー講師，審査活動などを行っている．超ISO企業研究会メンバー．

金子　雅明（かねこ　まさあき）
東海大学情報通信学部経営システム工学科　准教授
1979年生まれ．2007年早稲田大学理工学研究科経営システム工学専攻博士課程修了．2009年に博士（工学）を取得．2007年同大学創造理工学部経営システム工学科助手に就任．2010年青山学院大学理工学部経営システム工学科助手，2013年同大学同学部同学科助教を経て2014年より東海大学情報通信学部経営システム工学科専任講師（品質管理）に就任し，現在に至る．専門分野は品質管理・TQM，医療の質・安全保証，BCMS．超ISO企業研究会　副会長．

飯塚　悦功（いいづか　よしのり）
東京大学名誉教授
1947年生まれ．1970年東京大学工学部卒業．1974年東京大学大学院修士課程修了．1997年東京大学教授．2013年退職．2016年公益財団法人日本適合性認定協会（JAB）理事長．日本品質管理学会元会長，デミング賞審査委員会元委員長，日本経営品質賞委員．ISO/TC 176前日本代表，JAB認定委員会前委員長などを歴任．超ISO企業研究会　会長．

ISO 9001 アンリミテッド
事業成功へのホップ・ステップ・ジャンプ

2020年6月27日　第1刷発行

著　者　丸山　　昇
金子　雅明
飯塚　悦功
発行人　戸羽　節文

発行所　株式会社日科技連出版社
〒151-0051　東京都渋谷区千駄ヶ谷5-15-5
DSビル
電　話　出版　03-5379-1244
営業　03-5379-1238

検印
省略

Printed in Japan

印刷・製本　㈱リョーワ印刷

ISBN 978-4-8171-9712-2
URL https://www.juse-p.co.jp/